Gezählte Tage
sind kostbare Tage

Meinhard Feichter

Gezählte Tage sind kostbare Tage

Vom Umgang mit einer lebensbedrohlichen Krankheit

Ein Erfahrungs- und Mutmachbuch

Mit Gedichten und Tuschezeichnungen von
Ulrich Schaffer

ATHESIA VERLAG

Tyrolia-Verlag · Innsbruck-Wien

AUTONOME PROVINZ BOZEN SÜDTIROL
PROVINCIA AUTONOMA DI BOLZANO ALTO ADIGE
Deutsche Kultur

Die Drucklegung dieses Buches wurde ermöglicht durch
die Südtiroler Landesregierung / Abteilung Deutsche Kultur.

BIBLIOGRAFISCHE INFORMATION DER DEUTSCHEN NATIONALBIBLIOTHEK
Die Deutsche Nationalbibliothek verzeichnet diese Publikation in der Deutschen Nationalbibliografie; detaillierte bibliografische Daten sind im Internet abrufbar:
http://dnb.d-nb.de

Auch als E-Book erhältlich
ISBN 978-88-6839-341-0

Mai 2018 · Zweite Auflage

Umschlagfoto: Meinhard Feichter
Autorenfoto Meinhard Feichter: Oswald Ganthaler
Umschlaggestaltung: Meinhard Feichter und Athesia-Tappeiner Verlag
Tuschezeichnungen: Ulrich Schaffer
Design & Layout: Athesia-Tappeiner Verlag und Ulrich Schaffer
Druck: Athesia Druck, Bozen

ISBN (Athesia) 978-88-6839-330-4
www.athesia-tappeiner.com
buchverlag@athesia.it

ISBN (Tyrolia) 978-3-7022-3682-3
www.tyrolia-verlag.at
buchverlag@tyrolia.at

designed + produced
IN SÜDTIROL

Thomas, Lena und Lukas,
seid mutig und zuversichtlich
auf eurem Weg!

Das Leben kann man nicht verlängern,
aber wir können es verdichten.

Roger Willemsen (1955–2016)

INHALT

EINFÜHRUNG

Was hinter der nächsten Biegung unseres Lebensweges auf uns wartet und wie wir mit Überraschungen – zumal negativen – umgehen, wissen wir im Voraus nicht. Hiobsbotschaften wie etwa die Diagnose einer lebensbedrohlichen Erkrankung werfen uns aber aus der gewohnten Bahn und konfrontieren uns mit existenziellen Fragen. Der hereinbrechenden Ohnmacht bei Schicksalsschlägen sind wir jedoch nicht hoffnungslos ausgeliefert. Denn es gibt in so gut wie jeder Biografie Anker zum Festhalten und Segel, um neu Fahrt aufzunehmen, wenngleich oft in eine andere Richtung. Und es gibt Kräfte in uns, die verschüttet oder vernachlässigt oder bislang schlicht nicht gebraucht waren und die gerade in dramatischen Situationen neue und wertvolle Impulse und Perspektiven geben können. Es lohnt sich, diesen in uns liegenden Potenzialen nachzuspüren und so zum eigenen Kern vorzudringen. Und mit der Hilfe von oben, von unten, von drüben und herüben kann das eigene Lebensband neu geflochten werden, das uns tragfähig mit hoffnungsfroher Zukunft verknüpft. Mitunter so stark, dass sogar Mitmenschen sich dran halten und orientieren können.

Zum Aufbau und Gebrauch des Buches

Ulrich Schaffer hat meine Texte in einer Rohfassung gelesen und – davon angeregt – jeweils ein Gedicht geschrieben, in welchem er seine Empfindungen in Poesie gegossen und das Geschriebene verdichtet hat. Daher stehen seine Gedichte immer im Anschluss an meine Texte. Seine Tuschezeichnungen wollen das Schriftbild auflockern und einen weiteren meditativen Impuls setzen.

An das Ende eines jeden Kapitels habe ich Musikempfehlungen gestellt. Sie unterstreichen die Stimmung, die ich beim Schreiben hatte. Wer sich davon auch inspirieren lassen will, kann bequem mit dem QR-Code über das Smartphone direkt zu den meisten meiner persönlichen Referenzaufnahmen und bevorzugten Interpreten gelangen.

Schließlich weise ich darauf hin, dass ich zugunsten einer besseren Lesbarkeit meist nur die männliche Form gewählt habe. Selbstverständlich schließe ich die weibliche mit ein. Ganz und gar!

WARUM GERADE ICH? WARUM GERADE JETZT?

Ein Schicksalsschlag, egal in welcher Form und Ausprägung, kommt immer zur falschen Zeit und durchkreuzt das eigene Leben und das seiner Angehörigen. Obwohl die ganze Welt voller menschlicher Dramen ist, die sich ständig wiederholen und überall auf der Lauer sind, hofft jeder Einzelne, es möge ihn nicht erwischen und er möge von dem verschont bleiben, was um ihn in engeren oder weiteren Kreisen herum passiert und Menschen an Grenzen oder gar darüber hinaus führt. Wenn einem das Leben dann aber doch ein Bein stellt, den Atem nimmt oder in die Verzweiflung treibt, hämmert oft als Erstes die bohrende Frage: *WARUM – ICH – JETZT?*

Das war auch bei mir so. Ich radelte im Hochsommer mit meinem damals knapp 14-jährigen Sohn *Lukas* und unserem Familienfreund *Georg* entlang einer norwegischen Trekkingroute jenseits des Polarkreises, als meine Wirbelsäule nach einem relativ banalen Sturz auf der Fähre, die uns vom Festland auf die Lofoten bringen sollte, zusammenbrach und unsägliche Schmerzen verursachte. Ein Arztbesuch verschlimmerte die Situation vor Ort noch, weil ich, der norwegischen Sprache nicht mächtig, mich ihm nicht ausreichend erklären konnte. Der diensthabende Arzt war mehr der heimische Spezialist für chirurgische Kleineingriffe zum Entfernen von Fischerhaken. Jede Menge solcher Trophäen an den Wänden des Ambulatoriums kündeten von seiner Meisterschaft, die jedoch unwirksam an mir vorüberging. So kam es zum abrupten Ende einer lange geplanten Radreise durch unser nordisches Sehnsuchtsland. Nach einer abenteuerlichen Rückfahrt mit Einlieferung ins Krankenhaus und Weitertransport per Hubschrauber wurde ein *Multiples Myelom*, also Knochenmarkkrebs im dritten Stadium, diagnostiziert. Der Tumor saß in der Wirbelsäule, stanzte Löcher in die Knochenstruktur und machte sie so brüchig, dass die Wirbel durch den Stoß des Sturzes der Reihe nach in sich zusammenbrachen und die Nervenstränge im Rückenmark einklemmten. Im April, also gerade mal vier Monate zuvor, hatte ich mich noch einem ausführlichen Gesundheitscheck unterzogen, der aber keinerlei Anzeichen einer so schweren und lebensbedrohlichen Krankheit angedeutet hatte.

Die Übermittlung der Schocknachricht durch die diensthabende Ärztin ist sachlich, nüchtern, beinahe lapidar. Den Begriff *Multiples Myelom* weiß ich nicht einzuordnen, das Wort *unheilbar* hingegen schon. Das klingt nach Endzeit! Von der hohen Schmerzmitteldosis bin ich zwar halb benommen, aber dennoch sitzt die niederschmetternde Nachricht tief, dringt in alle Fasern ein, lähmt meine Sinne. Schwarze Buchstaben kreisen im dunklen Schwindel und formen verzweifelte Wortbilder wie *NEIN* mit zehn Ausrufezeichen oder *WARUM – ICH – JETZT?*, dran gehängt eine lange Kette nicht enden wollender Fragezeichen in allen Größen und Schrifttypen. Warum erwischt es gerade mich? Warum gerade jetzt? Was habe ich falsch gemacht? Welche Strafe ist das und wofür? Wie soll das weitergehen, für *Bernadette*, meine liebe Frau, für meine wunderbaren Kinder, für meine tüchtigen Mitarbeiter, für mich? Ich bin doch noch so jung und habe noch so viel vor, familiär, beruflich, persönlich! Viele W-Fragen kreisen unkontrolliert in meinem Kopf, lassen das aufgepeitschte Blut ins zuvor entleerte Hirn schießen und erzeugen einen Druck, als wollte er meine beiden entsetzt vor sich hin starrenden Augen aus ihren Höhlen pressen. Im hintersten Winkel meiner Gehirnwindungen weiß ich zwar, dass mir niemand plausible Antworten geben kann. Dennoch schreie ich danach – wortlos nach innen!

In der nun folgenden schweren und teils grenzwertigen Krankenhauszeit treffe ich wiederholt auf solche Fragen. Die eigenen wechseln ihre Farben, die meiner Angehörigen, Freunde, Schicksalskollegen kommen dazu, und innerhalb kurzer Zeit bin ich umgeben davon. Allerdings: Es gibt keine Antworten darauf! Mögen auch noch so viele liebevoll am Bettrand sitzende Menschen mit Mitleid und Mitgefühl watteweich mein Gemüt umarmen und der Hoffnung in allen denkbaren Facetten das Wort reden, die Fragen bleiben offen! Selbst Ärzte, beratende und pflegende Menschen, alle kompetent und kundig in ihrer Kunst, stehen an. Und so verfangen sich im Netz dieser Fragen viele weitere und werden besonders groß, wenn die Nächte lang sind. Irgendwann aber schälen sich auch neue Formen heraus, kommen andere Fragen hoch: Will ich in dieser Schockstarre verharren? Will ich die paar Tage, Wochen oder Monate vom Rest meines Lebens meine Mitwelt und mich mit Fragen plagen, auf die es keine Antworten gibt? Und darauf meine letzte Energie verwenden oder gar verschwenden?

Alles ist ein Prozess, und – wie *Karl Popper (1902–1994)* sagt – *Alles Leben ist Problemlösen*. Als Lösung bietet sich an: mich in ganz kleinen Schritten von bohrenden Fragen verabschieden, nach und nach weniger das bedauern, was in meinem Leben alles nicht mehr geht, und mich konsequent auf die Suche machen nach dem, was vielleicht dennoch möglich sein wird, mag es zu Beginn noch so unscheinbar sein. So kann eine Arbeit im Kopf beginnen, die ablenkt, Richtung wechselt, einen Paradigmenwechsel initiiert und mir eine Reihe neuer Chancen und Möglichkeiten eröffnet. Der nicht weiter und tiefer in ein dunkles Loch hinabzieht, sondern heraus und hinauf in ein hoffnungsvolles Licht führt. Die Krankheit und mein mentaler Umgang damit nimmt mir nicht weiter die verbliebene Restenergie, sondern liefert mir neue Kraft, zeigt neue Wege, mögen sie am Anfang auch noch so schwer erkennbar sein im dunklen Wald seelischer Not.

Musikempfehlung

Wolfgang Amadeus Mozart (1756–1791)
Streichquartett in C-Dur KV 465 „Dissonanzenquartett"
1. Satz Adagio-Allegro
Mein Referenzinterpret: Quatuor Les Dissonances

Unsere innere Größe

Zart und verletzbar
ist die Balance unseres Lebens.
Wir haben hier keine bleibende Sicherheit,
jede Stunde kann unsere letzte sein.
Auf Messers Schneide reifen und wachsen wir,
oft sogar über uns selber hinaus.
Diese Gratwanderung ist unsere Berufung.
In der Balance bejahen wir unsere Vorläufigkeit.
Wir lieben die Welt
und tragen unsere Leidenschaft
für unser knappes, aber erfülltes Leben
wie einen Schatz in uns.
Es ist Ausdruck unserer inneren Größe,
dass wir uns hier trotz anhaltender Gefährdung
eine Heimat schaffen können
und unserem Leben in all seinen Begrenzungen
eine Leuchtkraft verleihen,
die ausdrückt, dass wir frei sind.
Auch in unserer Hilflosigkeit
können wir größer als Leben und Tod werden:
Wir setzen unseren Anker in das Ewige.

Schaffer

WER IST GOTT? WO IST GOTT?

Wer ist dieser Gott, der Angst und Schmerz und Leid zulässt? Und wo ist dieser Gott, nachdem das erdrückend Schwere und verstörend Bedrohliche hereingebrochen ist? Mitten in ein volles, reiches und aktives Leben? Fundamentale Fragen, die Abgründe auftun, aber ernst zu nehmen sind. Gibt es Antworten darauf? Wer hat sie zur Hand?

Mir wurde Gott vornehmlich als liebender und beschützender Vater beschrieben, und er nahm mir schon als Kind die Angst, mich im dunklen Wald zu verlaufen, von einer Giftschlange zu Tode gebissen oder von bösen Geistern verfolgt zu werden. Mein Kindheitsglaube mit seinen lieblichen und zugleich Ehrfurcht gebietenden Bildern, die jenen der Grimm'schen Märchen durchaus glichen und mich zugleich faszinierten wie ängstigten, ist schon in früher Jugend mit mir erwachsen geworden. Wie dringend hätte ich in der Zeit der verletzlichen Jahre die liebevolle Zuwendung, die kräftige Schulter eines starken Vaters gebraucht! Es kam aber genau umgekehrt, und ich bekam zu meinen entwicklungsbedingten Problemen auch noch des Vaters Lasten auf meinen zarten Rücken obendrauf gepackt. Damals begab es sich, dass mein Vater das Land verließ, um dem Rechtsvollzug mit einer mehrjährigen Gefängnisstrafe zu entkommen. Seiner Flucht war ein jahrelanges Gerichtsverfahren vorausgegangen, das zu seinen Ungunsten endete. Und er hinterließ mir, gerade volljährig Gewordenem, neben einem Sack voller Schulden auch seine Familie mit damals sechs unmündigen Kindern im Haus. In dieser großen Not völliger Überforderung bewies das Kindheitsbild vom liebenden Gottvater seine enorme Wirkkraft, wurde Vaterersatz und überlebensnotwendiger Anker, der mich letztlich wachsen statt zerbrechen, reifen statt verkümmern ließ. Und diese Kraft beziehe ich heute genauso noch wie früher, sie wirkt auch ganz real in diesen Zeiten schwerer Krankheit. Es schwingt immer eine Grundzuversicht mit, und keine Herausforderung hat mich bislang in der letzten Verzweiflung enden lassen.

Mein Gott ist mein liebender Vater geblieben, der mir zwar die Last nicht nimmt, jedoch die Schultern stärkt. Der mich – so wie damals seinen leidenden Sohn am Ölberg – zwar nicht er-hört, wohl aber hört. Aktives Zuhören ist ein wirksames Therapeutikum und meist besser als jeder noch so gut gemeinte Ratschlag. Das kann ich nur bestätigen. Die Gabe des Zuhörens beherrscht ja auch Jesus auf ganz wunderbare Weise. Die heilende Kraft war das Ergebnis des Hineinhörens in sein Gegenüber, seine Aussagen wirkten Wunder durch die richtige Wahl seiner Worte zur rechten Zeit.

Meinen Gott traf ich bislang eigentlich überall an, wo ich ihm begegnen wollte. Nicht nur, wenn Angst und Not mir an die Kehle griffen, sondern auch und vor allem in den vielen schönen Zeiten meines Lebens. Beim Lieben, beim Musizieren, beim Wandern, beim Fotografieren … Ein theozentrisches Weltbild ist das meine, das Gott in allen Dingen weiß und besonders in schweren Zeiten nicht kunstvoll bemüht werden braucht. Für mich ist's unendlich wertvoll zu spüren: Auf meinen Gott baue ich!

Allerdings: Ganz so einfach war das Finden von Gottes Existenz dann doch nicht, ich meine besonders in der ersten Phase der Erkrankung, die mich mit so elementaren Fragen wie der Gottes- und der Sinnfrage wieder neu und sehr radikal konfrontierte. Es war das beschriebene Grundvertrauen in Gottes Güte zwar da, aber heute stelle ich mir noch einmal die vertiefende Frage, wo und wann genau ich sie spüren konnte. Die freudvollen Momente waren ja weg, die Natur aus der Isolierstation technisch perfekt ausgesperrt, Musik zum heilsamen Hören nicht wirksam – in den ersten Wochen gar unerträglich –, körperliche Nähe und Zärtlichkeit der Berührung in Schmerz ertränkt. Um mich herum war allerdings viel Stille. Und in der Stille melden sich die existenziellen Themen zu Wort. Ich erinnere mich an ihre anfängliche Bedrohlichkeit, ihre Haltlosigkeit, ihre Kälte, ihre Leere. Sie lösten tiefe Schwermut aus. Ich kam nicht aus ihr heraus, musste sie aushalten. Erst irgendwann begann ich, in der Leere die Lehre zu entdecken, von der ich früher in manchem klugen Buch zur Selbstfindung gelesen hatte. Die Stille eines ruhig gewordenen Sees, dessen Oberfläche mich in ihren Spiegel schauen lässt, zeigt mir, wer *ich* bin. Zeigt es mir genau an dem Punkt und in dem Moment zwischen Aus- und Einatmen. Hier berühren sich Himmel und Erde. Hier findet Transformation statt. Das muss der göttliche Moment sein. Dann bekommt die Stille jene Tiefe, die mir die eigene Innerlichkeit aufmacht und mich ahnen lässt, wer ich wirklich bin. Nicht wen ich darstelle. Es zählt mein Sein, nicht mein Schmerz. Meine Natur, nicht meine Rolle. Und losgelöst von der allgemeinen Lautigkeit um mich herum entsteht eine göttliche Verbindung. In der Stille liegt einer der Gottesbeweise verborgen. Gott ist in diesem

Moment die Stille, und ich finde ihn in der Stille. Das spüre ich. Kostbare Momente!

Meinem persönlichen Gottesbild und meinen Glaubenswegen wird diese Kürzestfassung nur bedingt gerecht. Sie benennt zwar die mitentscheidenden Faktoren wie die prägenden Bilder der Kindheit, die extremen Grenzerfahrungen im Leben meiner Herkunftsfamilie oder die tief wirkenden Glücksmomente persönlicher Glaubenserfahrung, berichtet aber nicht von den vielen Irrungen und Wirrungen die Jahre hindurch. Sie macht aber zumindest den roten Faden sichtbar, der sich durch mein Leben zieht und eben auch jetzt erst im Rückspiegel betrachtet so deutlich zutage tritt. Dazwischen plagten mich mitunter arge Zweifel, verschreckten mich Glaubenszwänge, Kanzelsprache oder die jahrhundertelangen und noch heute unfassbaren Verfehlungen der Religionen. Überhaupt *die Aufteilung der Spiritualität in Religionen*. Sie hat, so der Journalist und Buchautor *Franz Alt (*1938)* weiter, *die Menschheit getrennt und unendlich viel Leid verursacht*. All das und noch mehr warf große Fragen auf, machte mich zornig und unsicher. Und lenkte als Alternative oder Ausweg meinen Blick hinaus über den Zaun zu anderen Weltreligionen, besonders zum Buddhismus, der reizvolle Alternativen und neue Erkenntnisse zu bieten schien. Im Grunde also auch bei mir das ganz normale Programm eines Suchenden und Zweifelnden, wenngleich auf einer offenbar festen Grundlage.

Im Laufe der Jahre habe ich erkannt: Die Welt des Glaubens liegt jenseits der intellektuell geführten Gottesbeweise, jenseits der kirchlichen Dogmen, jenseits der pontifikalen Riten. Der Glaube entwickelt Kraft und wirkt, wenn wir ihn in unserem Leben verwirklichen. Eine persönliche Entscheidung für den Glauben verändert unseren Blick auf die Welt und nimmt sehr konkret

Einfluss auf unsere Handlungen. Glaube breitet sich im Herzen und nicht im Hirn aus und entfaltet sich still, aber wirksam in den ganz besonderen Momenten des Lebens. Wahrscheinlich am liebsten oder am deutlichsten an den Grenzen des Lebens. Heute wird es für mich immer unvorstellbarer, dass es keinen Gott gibt – ich fühlte mich einsam und verlassen, wenn mein Herz leer und ohne Glauben und Überzeugungen wäre. Nachweisen lässt sich Gott jedoch in unserer vernunftübersteuerten Welt der Wissenschaft nach wie vor nicht. Dafür kann ich *IHN* spüren, wenn ich hineinhöre in die Stille, wenn ich dir in die Augen schaue, wenn ich den Wasserhahn öffne, wenn mir die Musik Gänsehaut macht. Und am liebsten tauche ich mein gläubiges Herzgemüt ins Blau des Himmels, in diese Farbe des Vertrauens und der Treue. Sie weckt meine Sehnsucht nach Vollendung und Ewigkeit, sie wechselt ihre Stimmungen zwischen Wirklichkeit und Traum, zwischen dunkler Nacht und neuem Tag. Sie ist geheimnisvoll, nicht zu greifen und doch so real, nimmt Einfluss auf mein Gemüt. Und in diesem entrückten Blau leuchtet *SEIN* Stern mir *SEINE* heilende Botschaft ins Herz. Besonders geheimnisvoll, besonders tröstlich, besonders hoffnungsfroh. Das sind so unglaubliche Momente, die für mich Gottesbeweis genug sind und die Kraft haben, meinem Denken Worte und meinem Leben Richtung zu geben. Zweifelsfrei!

Musikempfehlung

Arvo Pärt (* 1935)
Spiegel im Spiegel

Benjamin Hudson, Violine
und Jürgen Kruse, Klavier

Gerade in der Tiefe

Ich kenne Momente,
da gibt es nur Erbarmungslosigkeit,
da stehen wir verlassen auf der Straße,
umgeben von Finsternis.
Da sind wir nur noch ein Schrei, der nicht erhört wird.
Das Feuer in uns ist aus.
Und gerade da erlebe ich mich
Dir, Gott, als Gegenüber.
In dem Verlust all dessen, was ich geliebt habe,
in der Leere, wo mir nichts mehr Angst macht,
da bin ich freier als in den alten Gebeten,
mit denen ich Dich von meiner Liebe
überzeugen wollte.
Sieh mich an,
ich bin ein Mensch,
nur noch bekleidet mit dem unerbittlichen Tod,
der mir bevorsteht.
Mir ist nichts mehr zu nehmen,
darin liegt meine Stärke.
Meine Nacktheit ist meine Herrlichkeit.
Siehst Du das Leuchten meiner Würde?
Und wie in einem Traum, den ich nur träume,
wenn ich stark genug bin, schwach zu sein,
begreife ich, ich begreife
und kann nicht sagen, was.

WIE ICH DIR, SO DU MIR?

Es ist eine gängige Reaktion, nach einer ersten mentalen Verarbeitung einer Tumordiagnose den Kampf gegen den Krebs aufzunehmen. Auch mir wurde oft genug und auffordernd zugerufen: *Jetzt musst du kämpfen, ziehe alle deine Waffen gegen deinen Feind, du darfst dich nicht geschlagen geben!* Ich konnte mich mit diesem Bild des In-den-Krieg-Ziehens nie recht anfreunden, wusste nicht konkret, gegen wen genau und mit welchen Mitteln ich kämpfen sollte. Und vor allem, ich sah mich in diesem imaginären Kampf von vornherein in der eindeutig schwächeren Position. Die Frage nach dem Umgang mit der Krankheit blieb aber eine zentrale, die verbleibende Lebenszeit entscheidend prägende. Die Krankheit ignorieren galt nicht, sich ihr aktionslos ergeben kam mir feige vor. Also versuchte ich einen anderen Weg. Ich begann darüber nachzudenken, ob es eine Möglichkeit gäbe, die Krankheit ehrlich anzunehmen, sie sozusagen in mein Leben zu integrieren. Wie eine Eigenschaft, einen Teil von mir, der ab nun und bis ans Ende meiner Tage einfach zu mir gehören sollte. Und ich zählte mir bewusst nicht die schrecklichen und angsterregenden Eigenheiten meines neuen Begleiters auf, sondern machte mich auf die Suche nach positiven Eigenschaften. Möglicherweise gab es welche. Und tatsächlich fand ich gar einiges und die Liste wurde erstaunlich lang:

- Mein Tumor streut nicht. Das war eine unerwartete, aber beruhigende Nachricht der Ärzte, weil ich nicht davon ausgehen musste, dass nach und nach Metastasen meinen ganzen Körper erfassen und – wer weiß wann, wie und wo – tödliche Schäden verursachen würden.
- Mein Tumor ist nicht operabel. Also brauche ich auch keinen besonderen Chirurgen mit besonderem Geschick an einem besonderen Tag für einen besonderen Eingriff.
- Innerhalb der großen Krankheitsgruppe Leukämie, zu der auch der Knochenmarktumor zählt, wird seit Jahren weltweit intensiv geforscht. Gut möglich, dass zeit meines Lebens noch die eine und andere neue Therapie zugelassen wird. Sie könnte der Lebensqualität dienen und weitere Lebenszeit schenken.
- Mein Tumor setzt mich bei den zahlreichen und wiederkehrenden Untersuchungen meist auf die Vorzugsschiene und erspart mir lange Wartezeiten.
- Mein Tumor katapultiert mich aus dem ständig schneller drehenden beruflichen Hamsterrad und nimmt mir den bisherigen Arbeitsstress.
- Mein Tumor schenkt mir Zeit, mich mit Dingen zu beschäftigen, für die bislang die Zeit fehlte.
- Mein Tumor vermittelt mir wertschätzende Begegnungen und Gespräche mit bisher unbekanntem Tiefgang.
- Mein Tumor schickt mich auf die abenteuerliche Reise ehrlicher Selbstreflexion und lässt mich eine erste große Lebensbilanz ziehen. Das Ergebnis kann ich annehmen.

- Mein Tumor führt mich in die Stille, näher zu mir und näher zu Gott.
- Mein Tumor definiert für mich die Zeit ganz neu und als unendlich kostbar.

Mit dieser Denkübung kam ich zu meiner Krankheit immer mehr auf Augenhöhe, und sie wurde zunehmend ein Teil von mir. Sie verlor ihren anfänglichen brutalen Schrecken, verwandelte sich und mich. An besonders guten Tagen hatte ich sogar die kecke Vision, meinen Tumor irgendwann umarmen zu können. Das war mir zwar dann doch wieder zu kühn, denn eigentlich wollte ich ihn ja loswerden. Nur, wenn die Diagnose *unheilbar* lautet, war das Loswerden-Wollen ja auch keine Perspektive, es sei denn, ein Wunder würde über mich hereinbrechen. Gerne willkommen, aber mit ins Kalkül ziehen, das wäre mir dann doch zu verwegen!

Nun wollte ich mit meinem Tumor gewiss nicht auf *ziemlich beste Freunde* machen, aber aus dem Bild der Umarmung entstand über die Schleife des Annehmens schließlich eine Art *„Gentleman's Agreement"*, denn ich erkannte: Gegen einen Tumor kämpft man nicht, mit einem Tumor diskutiert man nicht, einem Tumor macht man ein Angebot! Und das meine lautete: *Ich nehme dich an, und du bist nun ein Teil von mir. Ich weise dich in die Schranken, weil du voll brutal in mich hineingefahren bist, wir bekriegen uns aber nicht weiter. In deinem Portfolio steht drin, dass du der Stärkere bist. Also akzeptiere ich: Du behältst die letzte Oberhand, wir beide suchen aber ein möglichst langes und friedliches Auskommen miteinander. Wir nehmen uns gegenseitig wahr und behandeln uns mit – falls du dieses Wort kennst – Respekt. Du kannst dich an mir orientieren. Wie wär's mit diesem Motto: Wie ich dir, so du mir?*

Diese Gedankenübung hat bei mir einen enormen Paradigmenwechsel initiiert, und ich gestehe, bis heute bleibt dieser sehr wirksam. Die viele Energie, die nach dem Kriegermodell in den Kampf zu investieren gewesen wäre, wurde so umgeleitet in eine Lebenshaltung voller Lebenslust.

Musikempfehlung

Johann Sebastian Bach (1685–1750)
Konzert für 2 Klaviere und Orchester in c-Moll BWV 102
2. Satz Andante
Meine Referenzinterpreten: Güher & Süher Pekinel,
Züricher Kammerorchester unter Howard Griffith

Zwiegespräch

Ein Verlust will uns weise machen,
eine Krankheit kann Tür zur Erkenntnis sein.
Hinter unserer Not wartet schon ein Durchblick.
Die Heftigkeit unserer Schmerzen
öffnet uns eine besondere Tiefe.
Die Endgültigkeit von diesem und jenem
lehrt uns, was wichtig und was unwichtig ist.
Da, wo wir leiden, erhöht sich die Chance,
mit einem besonderen Licht zu leuchten.
Auch das, was unser Leben zu verengen scheint,
ist Ausdruck unseres unvergleichlichen Weges.
Wir sind nie nur unser Leid,
wir sind immer auch Wesen unterwegs in die Reife –
voranschreitend, die Welt erobernd,
nach Bewusstheit suchend, Gott neu denkend.
Wir entfalten uns sogar in Schmerzen,
selbst wenn wir meinen unterzugehen.
Wir sagen uns mehr, als wir selbst verstehen –
so wachsen wir auf uns zu, auf den Menschen,
der versteckt in uns wartet.
Sprich mit dem, was dich bedrängt.
Du hast dir etwas zu sagen,
was niemand sonst dir sagen kann.

Schaffer

VON DER KRAFT DES GLAUBENS

Die erste Zeit in der Klinik ist schlicht krass. Die Tage vergehen wie Wochen, so endlos liegt die Schwere der Krankheit mit mir im Bett. Und in der Nacht verweben sich die Schmerzen des Tages zu wilden Träumen. Die Hochdosis-Chemo bringt den Körper an seine absoluten Grenzen. Schmerzen, Schwindel, Übelkeit, Brechreiz. Ununterbrochen. Es scheint nur zwei Formen des Zugrundegehens zu geben: entweder durch die Krankheit oder durch die Therapie. Gefühlt eine Ewigkeit vergeht, bis die Ärzte die unvorstellbaren Schmerzen an der vom Tumor durchlöcherten Wirbelsäule auch nur ansatzweise in den Griff bekommen. Wer es wagt, vollmundig zu behaupten, es müsse heutzutage kein Mensch mehr unter Schmerzen leiden, weil die Medizin Mittel und Wege dagegen weiß, der irrt. Solche Ansagen klingen wie Hohn, wenn man – so wie ich – wochenlang schweißtriefend vor Schmerz bis an die Bewusstseinsgrenzen ans Bett gefesselt ist und nicht mehr zu unterscheiden vermag, was schlimmer ist: von ständigem Brechreiz erwürgt oder vom stechenden Schmerz im Rücken aufgefressen zu werden. Wie soll ich da noch Hoffnung haben und an Besserung glauben?

Von einem besonderen Erlebnis erzähle ich nun, das meine frühe Jugend mit den aktuellen Erfahrungen auf eindrückliche, geradezu wunderbare Weise verbindet.

Heute steht eine Ganzkörper-Computertomografie an, bei der dem Patienten zur besseren Sichtbarmachung des Tumorbefalls ein leicht radioaktives Kontrastmittel gespritzt wird. Anschließend wird er in die nicht allseits beliebte Röhre geschoben. 20 Minuten muss der Patient drin verweilen, damit die vielen Bilder scharf genug werden, um daraus entsprechende medizinische Schlüsse ziehen und mögliche Therapien ableiten zu können. Wie um alles in der Welt soll ich nun so lange ruhig liegen, wenn mir in regelmäßigem Rhythmus, teils in Sekundenabständen unkontrollierbare Schmerzkrämpfe in den Rücken schießen und mich meiner Sinne berauben? Die Nukleartechniker haben dafür wenig Verständnis. Sie tun ihre Arbeit und müssen Ergebnisse bringen. Gute. Sie bauen nach und nach Druck auf und bringen mich mit Sätzen wie *Reißen Sie sich doch zusammen!* oder *Wir haben auch noch andere Patienten, die warten* der Verzweiflung immer näher. Und damit krampfe ich noch mehr, und die Schmerzen werden noch heftiger. Keine Zukunft, blanke Not, absolute Überforderung. War ich je schon einmal in einer solchen Situation? Bilder aus prägenden Jugendjahren kommen hoch, darunter ein sehr besonderes. Wenn meine Mutter aufgrund der prekären wirtschaftlichen und sozialen Verhältnisse in ausweglosen Situationen war und sprichwörtlich weder ein noch aus wusste, kam es mitunter vor, dass sie mich zur Seite holte und sagte: *Komm Bub, bete mit mir einen Rosenkranz*, was wir dann auch taten. Der Effekt war kein besonderer, aber doch ein wichtiger, ein vielleicht aus emotionaler Sicht überlebenswichtiger. Nach dem Rosenkranz änderte sich die wirtschaftliche Notlage natürlich nicht, aber dennoch war mir als tief mitfühlendes

Kind dieser wunderbaren Mutter spürbar leichter ums Herz, und es breitete sich in meinem Inneren eine sonderbare Ruhe und abstrakte Gelassenheit aus, die den aktuellen und existenziellen Sorgen die unmittelbare Dramatik nahm.

Dieses einprägsame Bild steigt jetzt plötzlich in mir hoch. 20 Minuten soll die Computertomografie dauern, in 20 Minuten betet sich ein Rosenkranz. Hat meine Erinnerung in letzter Verzweiflung einen Strohhalm gefunden, an den ich mich klammern kann? Ich beginne in Gedanken mit dem Kreuzzeichen und sage den Technikern, ich will es nun ein letztes Mal versuchen und sie möchten das Gerät starten. Und ich werde hineingeschoben in die Röhre. Da drin ist es eng, das Gerät erzeugt lautes Getöse und hämmerndes Klopfen. Doch ich blende den ohrenbetäubenden Lärm aus, löse mich auch vom Gedanken an die Schmerzkrämpfe und bete mich in Trance, dennoch innerlich wach und ganz konzentriert. Gebetsmühlenartig perlt der Rosenkranz lautlos durch die Finger, durch mein Gehirn, durch mein Herz. Und er endet wieder mit dem Kreuzzeichen. Und just in dem Moment spricht ein Techniker nüchtern in den Lautsprecher: *Die Tomografie ist zu Ende. Gut, dass Sie ruhig geblieben sind. Geht also doch!* Ich bin tatsächlich ewige 20 Minuten lang ohne Schmerzkrämpfe geblieben! Zwischen Ungläubigkeit, Faszination und Dankbarkeit atme ich tief durch, aber es dauert keine zehn Sekunden, und der nächste stechend scharfe Krampf fährt wieder in die geschundene Wirbelsäule ein. Davor jedoch war etwas passiert, das ich nicht für möglich gehalten hatte. *ER* hat mich in meiner ganzen Schwachheit offensichtlich stark gemacht. *SEINE* bergende Hand trug mich durch große Not. Langsam beginne ich, meine Krankheit anzunehmen. Vielleicht bin ich irgendwann einmal sogar dankbar dafür. Der Weg dorthin scheint gangbar. Zusammen mit *IHM*.

Meinen Glauben spüre ich sehr unterschiedlich. Manchmal, an guten Tagen, wenn aus meiner tiefen inneren Mitte ein leises, kaum vernehmbares Lied von bedingungsloser Liebe hörbar wird. Es besingt ein universelles Gefühl von Angenommen- und Aufgehobensein, in mir, in meinem Selbst. Etwas Göttliches, eine Kraft, die mich mit mir und mit allem, was um mich herum ist, verbindet. Ich spüre, *ER* ist bei mir, begleitete mich früher durch Tage mutigen Schaffens, begleitet mich heute durch Nächte dunkler Zweifel und gibt mir das Gefühl, in *SEINER* Hand geborgen zu sein.

Ein andermal, wenn ich in meiner Not zu ersticken drohe. Der Weg durch meine Krankheit kommt mir dann wie eine Wüstenwanderung vor, wie ein Gang durch existenzielle Extreme zwischen unbarmherziger Hitze und alle Sinne erstarrender Kälte. Scheinbare Abwesenheit allen Lebens in mir, Kargheit um mich herum. Leere. Aber: auch Zeit zum Betrachten dieser vermeintlichen Leere von Leben. Dann sehe ich plötzlich vor meinem inneren Auge Gräser, einzelne zwar nur, aber grüne, die wie ein Wunder zwischen Sand und Steinen sprießen. Wo nehmen die ihren Lebensmut her und wofür? Sie lehren mich, mich auf mich selbst zu konzentrieren, den Zugang zu mir zu suchen und eine Verbundenheit zu einer tieferen Wirklichkeit in mir zu entdecken. Beim Betrachten dieser inneren Wüstenbilder erkenne ich, hier wirkt der gleiche Schöpfer wie bei mir. Ein Gefühl universeller Verbundenheit zu einer höheren, eben göttlichen Ordnung entsteht, in welche ich eingebettet bin und von der ich geleitet werde. Alles füllt sich mit Sinn und entrückt mich in einen Schwebezustand der ganz besonderen Art. So wird aus schmerzender Schwere ein schimmerndes Schweben, eine innere Leichtigkeit des Seins. Und ich fühle mich durchtränkt von Glauben, Hoffnung, Liebe. Ein gewaltiges Kraftpaket, scheinbar irrational, aber doch mit ganz konkreter Auswirkung auf meine Lebenswirklichkeit. An guten wie bösen Tagen.

Alle Grenzen sind künstlich

Ich bin umgeben
von einer gefüllten Stille.
Gott geht nicht mehr ein und aus.
Er spricht nicht und schweigt nicht.
Weder richtet noch begnadigt Er.
Er ist nicht innen oder außen.
Er ist nicht menschlich oder göttlich.
Ich weiß nichts und bin doch nicht unwissend.
Ich bin weder frei noch gefangen.
Ich besitze nichts und bin doch reich.
Ich bin nicht schuldig und nicht unschuldig.
Ich bin erfüllt mit der Stille
und merke das Ende der Worte.
Alle Grenzen sind künstlich.

Musikempfehlung

Philip Glass (* 1937)
Metamorphosis 2 für Klavier solo
Mein Referenzinterpret: Philip Glass, Klavier

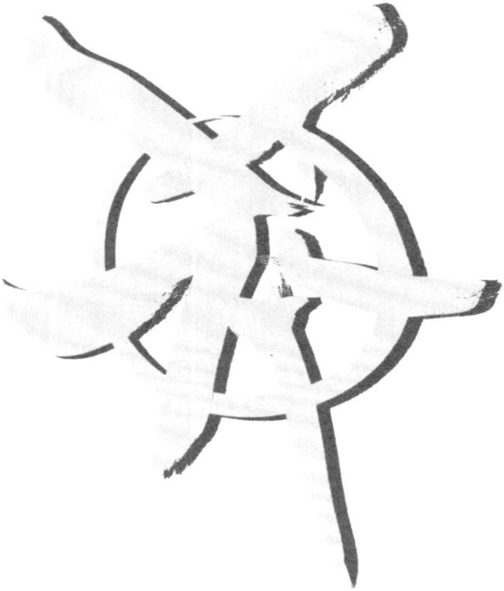

WIE ÜBERLEBEN, WOMIT WEITERLEBEN?

ZWISCHEN SCHULMEDIZIN UND NATURHEILKUNDE

Obwohl die Schulmedizin hierzulande der gängige Ansprechpartner bei schweren Erkrankungen ist, schwingen mitunter die Frage und der Zweifel mit, ob die klassische Medizin die richtigen Methoden und Mittel zur Linderung bzw. Heilung anbieten kann. In meinem Fall stellte sich – zumindest anfänglich – diese Frage nicht, weil die unmittelbare Überlebensfrage akut war und die Zeit zu überlegen und abzuwägen fehlte.

Anamnese – Diagnose – Therapie, ein Dreischritt im Höchsttempo, und am Ende ganz klar Hochdosis-Chemotherapie bis an die Grenzen dessen, was mein Körper auszuhalten vermochte. Die Devise: dem Tumor unmittelbar und gnadenlos zu Leibe rücken, keine Rücksicht auf Kollateralschäden. Im Grenzfall draufgehen, im Glücksfall weitergehen. Auf der einen Seite hochwirksam, auf der anderen Seite gemein giftig. Bei allem Respekt gegenüber der ärztlichen und pharmakologischen Kunst, es sind bei Lichte betrachtet moderne Foltermethoden. Sie dienen jedoch dem Überleben und sind damit gerechtfertigt. Die Forschung möge sich aber weiter intensiv bemühen, die Therapien noch viel stärker zu individualisieren und die Streuverluste zu minimieren. Die heutigen Nebenwirkungen von Hochdosistherapien nagen noch zu sehr am Überlebenswillen mancher Patienten und treiben sie in den Status der Verweigerung oder in die Hände fragwürdiger Heiler.

Ich erinnere mich wach an die Wochen nach der Akutphase, wie von vielen Seiten gut gemeinte Ratschläge und Empfehlungen an mein Bett getragen wurden: Hinweise auf bessere Kliniken, Empfehlungen für andere Therapien, Links zu Internetseiten mit alternativen Heilungsangeboten – die ganze verwirrende Bandbreite kam zur Sprache. Die Botschaft dahinter war oft eine andere: *Ich nehme Anteil an deinem Schicksal und möchte, dass es dir besser geht. Ich fühle mich unbeholfen, bekunde aber mit meinen Ratschlägen Interesse an dir. Ich kann nicht zusehen, wie du leidest, und möchte dir bessere Betreuung vermitteln.* Ich hatte zu wenig Kraft, um über die Bettkante hinauszudenken, Bernadette sondierte aber mit ihrer bekannt guten Intuition und stellte mir ausgewählte Zusatztherapien vor, die helfen sollten, die Nebenwirkungen der Hochdosiseinsätze, die schlimmen Schmerzen an der Wirbelsäule und die seelische Not zu lindern. Es war ihr und mein großer Wunsch, die bekannten Gräben zwischen Schulmedizin und Naturheilkunde zu überwinden und zu einer interdisziplinären Offenheit zu gelangen mit dem Ziel, chemische Therapien mit komplementären Methoden wie beispielsweise Meditieren oder Energetisieren zu verbinden, also parallel anzuwenden, um zu einer deutlichen Verbesserung der Lebensqualität, auch zu einer Verlängerung des Lebens selbst zu kommen.

Ich hatte Glück, bald nach der Entlassung aus dem Krankenhaus einen Termin bei einem bekannt seriösen Komplementärarzt zu bekommen. Er erklärte Bernadette und mir, dass sich eine gute und lebenswerte Zukunft auf drei Säulen aufbauen ließe:

1. **Die Schulmedizin.** Sie bietet nach heutigem Stand der Wissenschaft in der Regel wirksame, wenngleich radikale Methoden zur Behandlung einer derart lebensbedrohlichen Krankheit. Es ist dies oft die einzige Chance, aus der akuten Phase herauszukommen. Allerdings: Die unerwünschten Nebenwirkungen sind bis heute nicht zu vermeiden und vermindern die Lebensqualität.

2. **Die Komplementärmedizin.** Sie wirkt und entlastet begleitend und vermag die von der Schulmedizin verursachten Schäden zu lindern, das Immunsystem zu stärken, die Selbstheilungskräfte zu aktivieren, Blockaden zu lösen sowie die Psyche ins Gleichgewicht zu bringen.

3. **Der mentale Umgang** mit Krankheit und Therapie. Dieser liegt – gestützt durch das soziale Umfeld – wesentlich in den Händen und im Kopf des Patienten.

Das leuchtete unmittelbar ein, und diese drei Säulen sind bis heute meine festen Stützen im Umgang mit der Krankheit geblieben. Das Angebot der Schulmedizin ist bei bekannten und gut erforschten Krankheiten in aller Regel klar und eindeutig. Zu ihr und den sie anwendenden Ärzten braucht es patientenseitiges Vertrauen. Das minimiert Stress, Zweifel, Skepsis, Misstrauen.
Das Feld der Naturheilverfahren ist weit und unübersichtlich. Seriosität und Unfug stehen oft nahe beieinander und sind für den Patienten und dessen Angehörige nicht immer leicht voneinander zu unterscheiden. Die unendliche Vielfalt der Angebote verführt zu raschem Wechsel oder zu Mehrfachanwendungen, die sich in ihrer Wirkung gegenseitig spießen und den Patienten verwirren können. Auch hier braucht es Vertrauen zu Therapeuten,

die das jeweilige Angebot formulieren. Ich hatte mit meinem Hämatologen wie mit dem Komplementärarzt großes Glück. Beide sind Profis auf ihrem Gebiet, beide haben einen ganzheitlichen Blick und interdisziplinären Respekt.

Aus den vielen Möglichkeiten, die im Angebot der Naturheilverfahren stehen, haben Bernadette und ich zusammen mit dem Komplementärarzt und unter Berücksichtigung der Empfehlungen eines Psychoonkologen folgende Anwendungen als unterstützende Maßnahmen ausgewählt:

Die **Bioinformationstherapie.** Sie wird auch **Biomeditation** genannt und wurde von *Viktor Philippi (*1952)* begründet. Die Methode dient der Auflösung energetischer Blockaden im Körper. Sie aktiviert die Selbstheilungskräfte auf natürlichem Weg und stärkt das Nervensystem, aktiviert das Immunsystem und fördert den Stoffwechsel. Die Bioinformationstherapie geht davon aus, dass gesundheitliche Disharmonien durch energetische Blockaden entstehen. Stress, Ärger, Unzufriedenheit oder negative Gedanken behindern nämlich den Informationsfluss im Körper. Diese energetischen Blockaden können durch die Biomeditation aufgelöst werden. Die einstündige Meditation kann bei einem ausgebildeten *Biosens* als Kontaktsitzung oder zu Hause mithilfe einer speziell konzipierten Meditations-CD durchgeführt werden. In Kontakt mit der Biomeditation brachte mich *Eva*, eine Bekannte aus meinem beruflichen Umfeld, die mutig auf mich zuging und meinen Heilungsweg aktiv begleiten wollte, nachdem sie von meiner Erkrankung erfahren hatte. In weiterer Folge ließen Bernadette und ich uns bei Viktor Philippi sogar zum Biosens ausbilden. So können wir uns heute auch gegenseitig behandeln.

Die **Enzymtherapie.** Enzyme sind spezielle Eiweißmoleküle und an allen Stoffwechselreaktionen lebender Organismen beteiligt. Sie spielen beispielsweise bei der Verdauung von Kohlehydraten, Eiweißen und Fetten eine wichtige Rolle, sind Träger von Vitaminen, Mineralstoffen und Hormonen, gewährleisten die Entgiftung des Körpers, sind an der Wundheilung beteiligt oder übermitteln Reize über das Nervensystem. Für kranke Menschen reicht die Menge an Enzymen, die über enzymreiche Lebensmittel wie Obst und Gemüse aufgenommen werden, oft nicht mehr aus. Hoch dosierte und ausgewogene Enzympräparate mit guter Bioverfügbarkeit wirken in solchen Fällen ausgleichend und die Selbstheilungskräfte des Körpers aktivierend. Dies belegen mittlerweile weltweit durchgeführte wissenschaftliche Studien sowohl in der Langzeitbehandlung bei Tumoren als auch begleitend zur herkömmlichen Chemo- und Strahlentherapie. Enzympräparate werden in der Regel oral in Form von Tabletten verabreicht. Die Enzymtherapie sollte immer unter Aufsicht eines versierten Therapeuten durchgeführt werden.

Die **Radionik** und **Wasser-Resonanz-Methode.** Auf Empfehlung des Quanten-Naturheilkundlers *Rainer Niederkofler (www.aquaninis.com)* trank ich über eine Periode hinweg geistig informiertes Wasser. Das ist im Prinzip herkömmliches Wasser, welches er durch geistige Informationsfernübertragung – individuell auf meinen Gesundheitszustand abgestimmt – mit notwendigen Informationen „versorgte“ und ihm damit die notwendige kristalline Struktur gab, die Heilkraft besitzt. Außerdem wurde ich ganzheitlich mit Radionik behandelt. Sie stellt eine besondere Methode der Fernheilung dar, welche die Ursachen für eine Problematik ermittelt und an deren Beseitigung arbeitet. Radionik arbeitet mit der gezielten Projektion von Informationen in den menschlichen Organismus zur Wiederherstellung des psychophysischen Gleichgewichts. Ich glaubte und glaube an die Wirkung dieser neuen Form der Homöopathie als Unterstützung des Selbstheilungsprozesses.

Klopfakupressur EFT. Eine Empfehlung meines Psychoonkologen zur Linderung von Schmerzen, zur Minderung von Übelkeit und zur Neutralisierung von Schwermutsanfällen. Leicht und einfach anzuwenden, da diese Methode – ähnlich wie beim *Healing Code* – eine Selbstbehandlung ist. Weiterführende Informationen und Anwendungsbereiche lassen sich im Buch *Klopf dich gesund* von *Horst Benesch* nachlesen.

Diverse **Teekuren, Sitzbäder, Tinkturen** und **Wundcremen.** Sie helfen beim Abheilen der von den Chemotherapien verätzten Schleimhäute. Produkte höchster Qualität sammelt, reibt und mischt mein Bruder *Herbert* für mich zusammen.

Die legendäre **Propolistinktur** von *Josef Elzenbaumer*. Sie bekämpft Krankheitserreger, stärkt das Immunsystem und fördert die Regeneration und die Erneuerung der Zellen. Vergleichbare Präparate haben auch Apotheken und Reformläden in ihrem Sortiment.

Die ersten beiden Säulen (Schul- und Komplementärmedizin) liegen nur sehr bedingt im Einflussbereich des Patienten und seiner Angehörigen. Es braucht Glück, auf einen guten Arzt zu treffen, und es braucht die Gabe der Unterscheidung bei der Wahl der zusätzlichen Naturheilmittel. Der Rest ist Vertrauen. Man tut gut daran, sein ohnedies überbeanspruchtes Seelenkostüm nicht weiter mit Fragen zu plagen, ob die Klinik schon modern genug, der Arzt schon der beste und die ausgewählten Naturheilmittel schon die richtigen sind. Entscheidungen machen frei. Punkt.

Die dritte Säule, der mentale Umgang mit Krankheit und Therapie, wurde zu meinem Thema, zu meinem Anwendungsbereich. Dort konnte ich konkret etwas tun, dort wollte ich ein Gesellenstück abliefern: an meiner inneren Haltung arbeiten, mich aus der Ohnmacht der niederschmetternden Diagnose und dem gefühlten Ausgeliefertsein an die Medizin herausholen und zurück in die Aktion und in die Gestaltbarkeit meines Alltags mit positivem Blick in jeden neuen Tag kommen.

Ich messe der Psyche allerhöchste Bedeutung bei. Das Wichtigste scheint mir, einen gewissen Grad innerer Ruhe zu finden, um Körper und Psyche zu schonen. Auch und so weit möglich alle Quellen von Stress und negativen Energien zu beseitigen. Ich konnte mir gottlob erlauben, das bisherige, teils abartig hohe Arbeitspensum zu reduzieren, ohne meine Familie in ein finanzielles Desaster zu stürzen. Es war und bleibt allerdings auch wichtig, die neu erworbenen Erkenntnisse mit Konsequenz und Zielstrebigkeit zu kultivieren und besonders vor sich selbst zu verteidigen. Denn die jahrelang eingeübten Angewohnheiten sind dermaßen ins Hirn gebrannt, dass sie reflexartig wieder aktiv werden, wenn die Situation danach schreit. Eine Zeit lang war ich der Meinung, es würde genügen, die negativen Stressfaktoren zu eliminieren und dem positiven Stress – dem sogenannten Eustress – mehr Raum zu geben. Aber erstens lässt sich nicht schon im Moment des Geschehens dessen Qualität bemessen bzw. kategorisieren, und zweitens weiß man meist erst hinterher, was gut und was böse war. Es geht darum, einen größeren Ruheraum für sich zu suchen. Egal wo, egal wie. Möglichkeiten und Methoden gibt es in unserer westlichen Welt zuhauf. Und wer – so wie ich – begnadet ist, in einer so schönen und naturnahen Welt wie dem südlichen Alpenbogen leben zu dürfen, braucht am wenigsten zu kniffligen Methoden aus – weiß Gott welchen – fremden

Kulturen zu greifen, um der inneren Ruhe und Gelassenheit auf die Spur zu kommen. Ich meine, es braucht dazu weder Räucherstäbchen noch Klangschalen, noch Lotossitz. Hinaus in die Luft und der Zwiesprache der Vögel zuhören, hinein in die Wälder und das nasse Grün des Mooses atmen, hinauf auf die Berge und den Blick sanft über den Horizont gleiten lassen. Und dort oben mit gefüllter Lunge spüren: Jeder erreichte Gipfel ist auch ein Sieg über sich selbst!

Musikempfehlung

Claude Debussy (1862–1918)
La Fille aux Cheveux di Lin
Mein Referenzinterpret:
BBC Philharmonic Orchestra unter Matthias Bamert

Gesundheit und Krankheit sind Mysterien.
Auf geheimnisvolle Weise
bitten wir, uns durch beide
den Weg der Reife zu suchen
und uns selbst nicht zu vernachlässigen.

VOM GESUNDEN DENKEN

DANKBARKEIT – VERGEBUNG – ANNAHME

Viktor Philippi (1952)*, der Begründer der *Bioinformationstherapie*, hat den Begriff des *Gesunden Denkens* geprägt. Gedanken breiten sich in dem Moment, in dem sie entstehen, in Form von Energie überall im Körper aus. Ein Gedanke enthält immer eine Information, manchmal eine positive, manchmal eine negative. Die negativen Gedanken versperren den für das Funktionieren des Körpers lebenswichtigen Informationsfluss und lassen Blockaden entstehen. Das *Gesunde Denken* vermag sie, wieder aufzulösen. So stärkt die *Dankbarkeit* das *Immunsystem*, die *Vergebung* regt den *Stoffwechsel* an, die *Annahme* wirkt direkt auf das *Nervensystem*. Dieses Prinzip ist alles andere als eine Hexerei. Es geht einzig um das echte, tiefe Empfinden von *Dankbarkeit, Vergebung* und *Annahme*, um die Aufnahme dieser drei Grundhaltungen in das alltägliche Denken. Dies erfordert regelmäßige Übung und möglicherweise eine Korrektur der inneren Haltung, hat aber eine – mittlerweile durch diverse Studien erwiesene – gesundheitsfördernde Wirkung.

Dankbarkeit ist ein Zauberwort. Es schillert in allen Farben und beschenkt denjenigen reich, der sich seiner Qualitäten bedient. Dankbarkeit ist eine nie versiegende Quelle, aus der sich Freude, Trost, Demut und Glück schöpfen lassen. Wenn ich persönlich glückliche Momente habe, dann frage ich mich zwischendurch, woher dieses Glück rührt, was dieses Glück ausmacht. Und ich erkenne: Mein Glück kommt aus meiner Dankbarkeit. Anders herum formuliert: Wenn ich dankbar bin, bin ich glücklich! Es braucht nicht viel, um dankbar zu sein. Folglich ist auch Glück eigentlich leicht zu haben. Es liegt gesichert jenseits alles Materiellen in jedem von uns.

Die Dankbarkeit versetzt einen in die Haltung des Empfangenden, des Beschenkten. Wer die Einstellung besitzt oder sich aneignet, mit allem, was er denkt und erlebt, grundsätzlich beschenkt zu werden, lebt in seiner Ausrichtung und mit seinem Blick auf die Welt im Modus der Dankbarkeit. Wohl gibt es Menschen mit unterschiedlicher Grundausrichtung. Die einen sehen das Glas meist halb voll, die anderen meist halb leer. Die Haltung der Dankbarkeit lässt sich aber unabhängig von dieser Grundausrichtung üben und antrainieren, mag auch der Weg dorthin für jeden unterschiedlich kurvig und lang sein. In meinem Leben spielt die Dankbarkeit eine zentrale Rolle! Ich persönlich spüre sehr oft sehr tiefe Dankbarkeit, seit meiner Erkrankung gefühlt mehr und tiefer als früher. Das mag bestimmt damit zu tun haben, dass nichts mehr als selbstverständlich zu empfinden ist und die Vergänglichkeit sehr deutlich beim Fenster hereinwinkt. Die „neue“ Dankbarkeit wird also wohl ein unmittelbares Geschenk der Krankheit sein. Sie hat mir viel vom Leben erzählt, vom wirklichen Leben, das Liebe genauso wie Leiden schafft.

Ich mag die Momente, wenn ich ganz bei mir bin und tief innen drin dieses totale Gefühl der Dankbarkeit spüre:

- Wenn ich oben auf einem Berg stehe, das Gipfelkreuz berühre und meine Blicke über die Linien des Horizonts schweifen.
- Wenn ich beim Durchstreifen eines satten Sommerwaldes unvermittelt vor einem kerngesunden Steinpilz stehe.
- Wenn ich in einer fremden Stadt vor Lärm und Hektik in eine Kirche flüchte, deren Klangraum unerwartet von Orgelmusik erfüllt wird.
- Wenn ich mich in den meerblauen Augen von Bernadette verliere und spüre: Ich liebe dich – immer noch und gerade jetzt.
- Wenn ich mich nach einem guten Tag abends in mein Bett lege und einfach nur froh bin, dass es ein Bett und dieses Bett gibt.
- Und wenn ich mich dann ganz tief unter der Bettdecke vergrabe und mir gestehe: Es ist gut so, wie es ist. Auch trotz und sogar mit meiner Krankheit.

Das ist Dankbarkeit pur, Glück total. Liest sich kitschig? Glück ist eben ein Gefühl jenseits der Wortgrenzen.

Dankbarkeit kann jedenfalls zur Lebenshaltung werden. Sie wirkt heilend.

Leben heißt, Entscheidungen zu treffen. Unerbittlich werden sie von uns gefordert, und kaum ist etwas entschieden, steht schon wieder das nächste Thema an. Dazu muss immer wieder neu abgewogen werden, denn jede Entscheidung hat Folgen, in jeder Entscheidung steckt der Keim eines Fehlers, nach jeder Entscheidung bleiben wir trotz aller Bemühungen unserem Wesen nach unvollkommen. Erwachsen zu werden und als Erwachsener sein Leben zu gestalten, bringt uns allerdings in die unvermeidbare Schleife, durch unsere Gedanken, unsere Worte und unsere Handlungen Schmerz zu verursachen und Schuld auf uns zu laden.

Umgekehrt sind auch wir wiederholten Kränkungen und Verletzungen ausgesetzt. Sie reißen mitunter tiefe Wunden auf, die schwer heilen und nach Vergeltung schreien. Zwischen Vergeltung und Vergebung liegt der tiefe Graben der Hilflosigkeit. Auf der einen Seite der Frust der Verbitterung, auf der anderen Seite die Kraft der Versöhnung. Um von der einen Seite auf die andere zu gelangen, muss ein innerseelischer Prozess in Gang kommen, der uns davor schützt, dass verletzende Taten dauerhaft unser Leben negativ beeinflussen. Wir brauchen dabei nicht das Verhalten des anderen automatisch gutzuheißen, müssen auch nicht den Ruf nach Gerechtigkeit sofort abwürgen. Das ginge gar nicht, es würde uns schwer überfordern. Vergebung hilft aber, die innere Last des Grolls mit der Zeit loszuwerden. Sie fördert den Wunsch nach einem neuen respektvollen Miteinander. Sie akzeptiert nach einer schweren Phase der Einübung das Unabänderliche und kann den Schrei nach Vergeltung in die Bereitschaft zur Vergebung verwandeln. Wer nachtragend bleibt, hat ewig schwer zu schleppen, wer's gut sein lässt, überwindet die Vergeltung und geht mit leichterem Gepäck durchs Leben. Vergebung ist die Basis für ein gutes Miteinander. Wer von uns würde leugnen, dass gelingende Beziehungen zu den größten Glücksbringern unter uns Menschen zählen?

In dieser Betrachtungsweise hat Vergebung übrigens auch noch eine wertvolle spirituelle Dimension. Wir wollen nicht nur Liebe empfangen, sondern auch Liebe geben. Schließlich will die Liebe ja fließen. Sie lebt vom Geben und Nehmen. Wenn es uns gelingt, innere und äußere Vorbehalte abzubauen, öffnen wir uns der Kraft der Liebe. Sie lässt den göttlichen Funken überspringen und wirkt heilsam. Für Menschen guten Willens ist das einer der besten Gründe, Vergebung zu üben und zu leben.

Es mag auf den ersten Blick verwundern, dass Vergebung auch einseitig funktioniert, wie *Walter Kohl (* 1963)*, Sohn des ehemaligen deutschen Bundeskanzlers, in seinem autobiografischen Buch *Leben oder gelebt werden – Schritte auf dem Weg zur Versöhnung* darlegt. Es gibt Lebensumstände, bei denen das Gegenüber nicht (mehr) zur Verfügung steht. Es funkt der Tod dazwischen, oder die Beziehung ist unheilbar zerrüttet, und damit ist Aussöhnung nicht mehr möglich. Wenn ein Mensch stirbt, vergeht sein materieller Anteil, seine Seele aber ist unsterblich. *Die Seele ist das Licht des Lebens, sie lebt ewig (Viktor Philippi).* Unter dieser Annahme kann man sich auch mit Verstorbenen aussöhnen. So ist es nie zu spät zu vergeben und um Vergebung zu bitten. Vergebung ist ein wirkungsvolles Reinigungsritual, das dem Menschen die Last der Schuld nimmt. *Versöhnung ist nicht nur die Kraft, die Menschen zueinander führt, sondern auch die Kraft, die einen Menschen zu sich selbst bringt (Walter Kohl).*

Und Viktor Philippi geht sogar so weit zu behaupten, dass man auch stellvertretend für einen anderen Menschen Vergebung erwirken kann. Das mag man glauben oder nicht, allein der Modus der Vergebung wirkt entspannend und erleichternd auf das Gemüt. Die Energie fließt wieder, Blockaden lösen sich, der Heilungsprozess setzt sich in Gang.

Menschen, die vergeben können, werden zu starken Persönlichkeiten, weil sie negative Energie in Freude, Kraft und Kreativität verwandeln. Vergebung ist gelebte und erlebte Liebe!

DIE ANNAHME

Ich habe das große Glück, besonders von meiner Mutter eine grundsätzlich positive Lebenseinstellung in die Wiege gelegt bekommen zu haben. Eine baumstarke Zuversicht und die Grundannahme, dass mein Leben gut ist, so wie es ist. Sie hat mich durch ihr beispielhaftes Leben gelehrt, die Dinge anzunehmen wie sie sind. Auch sie wird um diese Haltung gerungen und sie nur nach und nach und teils mühevoll eingeübt haben. Im Laufe ihrer Zeit hat sie aber zunehmend zu unterscheiden vermocht, was in ihrer Macht der Veränderbarkeit lag und was hingegen außerhalb ihres Einflussbereichs stand. Das ist eine sehr klare, anspruchsvolle und vor allem ständig wiederkehrende Ansage an mich und an uns alle, dort beherzt zu intervenieren und zuzupacken, wo Änderung möglich scheint, und sich dem einzufügen und unterzuordnen, was nicht eigene Kompetenz sein kann. Im Idealfall sollte es sogar gelingen, Tatsachen wertfrei anzunehmen, ohne sie für gut oder schlecht zu befinden. Es bleibt für uns alle jedenfalls der wiederkehrende Auftrag, die aktuellen Lebensumstände zu akzeptieren, wie sie uns begegnen, und zwar bedingungslos! Viktor Philippi sagt in diesem Kontext: *Annahme bringt der Seele Frieden. Wer aus Überzeugung und tiefem Herzen annehmen kann, der findet seine innere Ruhe, erfährt Heilung und hat ein glücklicheres Leben.*

Das *Gesunde Denken* – DANKBARKEIT – VERGEBUNG – ANNAHME – soll durch regelmäßiges Wiederholen trainiert werden und zu einer inneren Haltung wachsen. Damit wird das Leben mit all seinen Unwägbarkeiten bewältigbarer, damit lösen sich Blockaden auf körperlicher, geistiger und seelischer Ebene, damit baut sich ein starker Selbstschutz auf. Viktor Philippi hat hierzu folgenden Merksatz geprägt, der zum richtigen Zeitpunkt große Wirkkraft besitzt: *Es ist gut so, wie es ist, und es hätte alles noch viel schlimmer kommen können.*

Musikempfehlung

Franz Schubert (1797–1828)
Sinfonie Nr. 8 „Unvollendete"
2. Satz Andante con moto
Mein Referenzinterpret: Camerata Bern

Loslassen können

Manchmal heilt uns nichts so sehr,
wie das loszulassen,
was wir um jeden Preis festhalten wollen.
Unser Festhalten kann uns krank machen.
Loszulassen gibt uns uns selbst wieder.

Weil wir letztlich von innen nach außen leben,
ist es wichtig, deutlich zu entscheiden,
was wir glauben – unsere Fantasie
wie heiligen Boden zu betrachten.

Wenn wir das, was wir sind,
in Einklang bringen können
mit den Umständen, in denen wir stehen,
dann leben wir aus einem Stück.
Das ist die beste Voraussetzung für jede Gesundung.

Der Weg dorthin führt über die Dankbarkeit
und fort von der Kritik, mit der wir alles zersetzen –
auch uns selbst und unser Leben.

Das Leben mutet uns zu,
was wir verkraften können.
Gerade an den Toleranzgrenzen
bildet sich unser Charakter.

STÖRUNGEN NEHMEN SICH VORRANG

Manchmal frage ich mich schon, wozu eigentlich Probleme gut sind. Überhaupt, wenn sie knüppeldick daherkommen und ohne Rücksicht auf Verluste unser Leben auf den Kopf stellen. Und nachfolgend frage ich, warum sie – so mein Eindruck – von alleine kommen, aber nicht von alleine gehen. Konflikte schleichen sich meist ja an, Lösungen müssen wir hingegen suchen, Wut packt uns am Hals, um Versöhnung müssen wir jedoch ringen, Triebe treiben uns, Vernunft müssen wir erst kultivieren. Warum wirkt das Gesetz der Polaritäten so unerbittlich, warum halten sich manche Probleme so hartnäckig und lösen sich erst auf, wenn man sich ihrer ganz angenommen, mitunter sein ganzes Leben dafür umgekrempelt hat?

Als ausgeprägt gefühlsgesteuerte Menschen sind wir selbst Träger unserer Gedanken und Handlungen. Unsere Gefühle mischen sich massiv und mit Vorrang in unsere Wirklichkeit ein. Kommt eine Störung auf, geraten wir in einen kleineren oder größeren Ausnahmezustand, der uns gefangen nimmt und viel Energie bindet. Auch ist es eine Eigenheit von Störungen, dass sie ernsthaft angenommen und prioritär bearbeitet werden müssen, ehe

Arbeit und Alltag wieder in den Mittelpunkt der Handlungen rücken können. Das ist auch eine der Grundaussagen der Themenzentrierten Interaktion (TZI), die ich im Folgenden kurz erklären will, weil sie sich als *Methode* und als *Haltung* meiner Erfahrung nach auch gut für einen ganzheitlichen Umgang mit Schicksalsschlägen eignet.

Die TZI ist nichts Theoretisches und nichts Esoterisches. Als *Methode* unterstützt sie das Arbeiten mit und in Gruppen mit dem Ziel, die Kommunikations- und Entscheidungsfähigkeit zu verbessern. Als *Haltung* glaubt sie an die Fähigkeiten des Menschen, aus eigener Kraft sein Leben autonom und interdependent zu gestalten. Ihr Gesamtziel ist soziales Lernen und persönliche Entwicklung. Damit steht sie in ihrer Ausrichtung der humanistischen Psychologie nahe. Die Entwicklerin der TZI ist die jüdische Psychotherapeutin *Ruth Cohn (1912–2010).* Das Konzept der TZI ruht auf drei Säulen, sogenannten **Axiomen,** dem der *Autonomie*, der *Wertschätzung* und der *Grenzerweiterung*. Und diese führen zu zwei Grundannahmen, sogenannten **Postulaten,** welche lauten:

- Sei deine eigene Chair-Person (sei dein eigener Schiedsrichter).
- Störungen haben Vorrang (im Sinne von Störungen nehmen sich Vorrang).

Ich habe die TZI im Zuge einer mehrjährigen Ausbildung als eine wichtige Quelle für mein Denken und Handeln entdeckt und ihre Haltung verinnerlicht. Sie half mir sehr konkret in der Akzeptanz und im mentalen Umgang mit meiner Krankheit, was insofern überraschte, als dass meine Ausbildung primär beruflich motiviert war. Ich war zuvor lange auf der Suche nach einer arbeitsbegleitenden Ausbildung in Form einer ganzheitlich angelegten Methode zur Verbesserung meiner Führungs- und Kommunikationskompetenz und fand diese eindeutig in der TZI. Nachdem die TZI aber eben nicht nur Methode, sondern auch Haltung ist, mag es nicht verwundern, dass auch meine Denkmuster geschult und weiterentwickelt wurden. So habe ich mithilfe des ersten Postulats gelernt, mich selbst, die anderen und die Umwelt innerhalb der jeweiligen Möglichkeiten und Grenzen besser wahr- und anzunehmen, jede Situation als Grundlage für eigene Entscheidungen zu betrachten und dazu zu stehen. Das Störungspostulat hingegen besagt, dass sich unsere subjektive Sicht auf die Dinge massiv in die Wirklichkeit einmischt und unsere Gedanken und Handlungen beeinflusst. Negative Erfahrungen und Erlebnisse nehmen wir als Störungen wahr. Sie verlangen – ohne Wenn und Aber – von uns ernst genommen und bearbeitet zu werden, ehe das Arbeiten mit sich selbst oder in einer Gruppe wieder weitergehen kann. Diese Theorie las sich für mich anfänglich recht einfach, beinahe banal, und erst mit der Zeit erkannte ich ihre omnipräsente Wirkmächtigkeit.

Das Störungspostulat will ich nun etwas vertiefender darlegen und mir dabei folgende Fragen beantworten: Inwieweit konnte es ein Stück Aufklärungsarbeit für mögliche Ursachen zu meiner Erkrankung leisten? Wie stark hat es Einfluss auf meinen mentalen Umgang mit der Megastörung Krebs genommen?

Warum erkranken Menschen an Krebs? Das ist eine elementare Frage, die sich jeder Betroffene stellt und auf die Wissenschaftler verschiedenster Disziplinen, Ärzte, Pharmazeuten, Psychologen, Natur- und Geistheiler letztgültige Antworten suchen. Die Krankheit Krebs ist jedoch zu komplex für einfache Erklärungen. Aktuell lassen sich gut hundert verschiedene Tumorarten beim Menschen nachweisen. Ein Tumor entsteht, wenn es bei der Zellteilung im eigenen Körper zu schwerwiegenden Kopierfehlern kommt und sich diese Zellen auch mangels funktionierender Reparaturgene unkontrolliert und in hohem Tempo vermehren. Als mögliche Ursachen für eine Tumorerkrankung werden vor allem vererbte genetische Disposition, Umwelteinflüsse, persönliche Lebensführung oder schlicht Schicksal genannt. In die Kategorie Schicksal fällt die Wahrscheinlichkeit, dass bei der ununterbrochenen Zellteilung im menschlichen Körper einmal etwas schiefgeht, dass also in den milliardenfach sich wiederholenden Kopiervorgängen der Zellteilung in der DNA irgendwann ein Fehler passiert, der von den körpereigenen Korrekturgenen ganz einfach übersehen wird und später zu fatalen Folgen auswächst. Diese Erklärung hilft, möglichen fantasierten Schuldzuweisungen vorzubeugen und allerlei esoterisch gewagten und gefährlichen Erklärungsversuchen zu entgehen.

Ich glaube aber auch der Wissenschaft, wenn sie nachweist, dass sich zur Primärgefahr schicksalhafter oder genetisch veranlagter Erkrankung Risiken gesellen, welche im persönlichen Lebensstil ihre Ursachen haben und vor allem in den Bereichen Ernährung, Bewegung, Sucht und Stress zu finden sind. Wenn diese schon nicht alleinig verantwortlich sind für eine Tumorerkrankung, dann wirken sie zumindest begünstigend im negativen Sinn. Und klar, hier frage auch ich mich, hatte ich einfach nur Pech? Oder wie habe ich bisher gelebt? Und welche Elemente könnten zusätzlich begünstigend die Entstehung meines Tumors beeinflusst haben? Das Störungspostulat unterstützt dabei meine Selbstreflexion und lenkt den Blick z. B. auf langjährigen psychischen Stress von Jugend an. Er ging mir sprichwörtlich durch Mark und Bein. Und als Erwachsener schaffte ich es offensichtlich nicht ausreichend, den von außen aufgezwungenen Leistungsdruck positiv in eine selbstbestimmte Leistungsbereitschaft zu verwandeln. Ich stürzte – bei Lichte betrachtet – von einem Zwang in den nächsten. Er versteckte sich geschickt in allen denk- und undenkbaren Sachzwängen, wurde angefeuert von Ehrgeiz und Erfolgsdruck, trieb das Tempo an statt die Geschwindigkeit aus. Die Devise in meiner Herkunftsfamilie lautete *aushalten, durchhalten, zusammenhalten*. Es fehlten die ausgleichenden Kategorien *anhalten* und *innehalten. Barbara Langmaack* bringt meine angelernte Lebensführung in ihrem Buch *Einführung in die Themenzentrierte Interaktion (TZI)* auf den Punkt, wenn sie schreibt: *Das Nichtbeachten von Störungen hat oft schwerwiegende Folgen und führt im schlimmsten Fall zu Explosionen … zu ungeeigneter Zeit, abgesehen davon, dass es Menschen … krank macht. „Zu lange durchgehalten" heißt es dann …* Ja, ich habe die Signale bis zur Explosion offensichtlich nicht gehört. Was immer an dieser Theorie dran sein mag, sie ist für mich durchaus schlüssig, beabsichtigt keine Schuldzuweisung, kann mir aber für die verbleibenden kostbaren Tage helfen, das Blatt zu wenden und nicht mehr so weiter zu tun wie bisher.

Was ich unzweifelhaft bestätige, ist der mentale Einfluss, den das Störungspostulat auf mich genommen hat und das sehr hilfreich war und bleibt. *Störungen* – so heißt es weiter bei *Barbara Langmaack – sind Botschaften, die uns sagen wollen, dass mit der Arbeit oder in der Beziehung etwas nicht stimmt. Störungen sind Reaktionen, die verstanden werden wollen …* Sie treten immer wieder auf und melden sich so lange und mit nicht abnehmender Heftigkeit, sondern mit steigender Deutlichkeit zu Wort, bis sie bearbeitet und im Idealfall gelöst sind. Störungen fordern vom Adressaten Aufmerksamkeit, Aufrichtigkeit, Authentizität und in der Bearbeitung Entscheidungen. Der Lebensfluss unterliegt der *Diktatur der nicht bearbeiteten Störungen (Barbara Langmaack).*

Das Störungspostulat hat mich gelehrt, genauer hinzuschauen, was ich und was mein gesellschaftliches Umfeld mit mir machen und wie ich darauf reagiere. So komme ich zur Erkenntnis: Verschieben, Verdrängen, Vertuschen ist kein guter Weg. Wohl aber sagt mir das Wort PROblem, dass eine Störung FÜR etwas gut ist, und ich erkenne: An nichts kann ich besser wachsen und reifen, als an den Herausforderungen des Lebens jenseits aller Komfortbereiche!

Musikempfehlung

Franz Schubert (1797–1828)
Streichquintett in C-Dur D 956
2. Satz Adagio
Mein Referenzinterpret: Heinrich Schiff, Violoncello, mit dem Alban Berg Quartett

Wo ich mich finde

Ich bin mehr, als ich fühle.
Es gibt mich getrennt von dem,
was ich wahrnehme.
Und doch liegt auf mir
die Wucht meiner Empfindungen.
Sie drängen sich zwischen meine Gedanken.
Sie stören meine Vorhaben.
Sie können mich von Menschen trennen,
wenn ich ihnen diese Macht gebe.
Ich spüre den Zwang, der von ihnen ausgeht.
Sie reiten mich, wenn ich sie lasse.

Ich wende mich der Ruhe zu und treffe auf mich,
auf meinen tiefinneren Kern.
Ich erlaube Stille, ich übe Schweigen.
Dort erkenne ich das ungestörte Ich.
Das, was mich gestört hat,
hat mich auch geweckt und mir gezeigt,
wie wichtig es ist, aus meinem Kern zu leben,
ohne Schuld, erst als Geschenk an mich
und dann als Geschenk an dich.

VOM WUNDER DER MUSIK

Es wird Abend an einem grauen, verregneten Novembertag. Die Arbeit ging mir heute nicht leicht von den Fingern, die Stimmung in mir und um mich herum war lasch. Kein Tag für mich also. Doch es heißt noch hinausgehen in die kalte Kirche zur Generalprobe für den morgigen Festgottesdienst am Cäciliensonntag. Brrr. Mozarts *Missa brevis KV 275* steht auf dem Programm. Es ist eine meiner Lieblingsmessen des Salzburger Meisters. So unbeschwert, so spielerisch, so neckisch und so augenzwinkernd komponiert, kühn in den Rhythmen, kreativ in den Melodien und doch die unterlegten Ordinariumstexte so tiefgründig auslotend. Wie bewundere ich die Leichtigkeit dieses so einzigartigen Komponisten! Wenn die Musikgeschichte nicht überliefert hätte, in welch teilweise prekärem Umfeld Mozart gelebt hat, ob als Kind unter dem ständigen Druck seines Vaters oder als Künstler ohne ausreichend Geld, man möchte meinen, auch sein Leben wäre harmonisch, leicht und beschwingt verlaufen. Und Mozarts Musik ist es, die mich auch heute schon nach den ersten paar Takten aus der Kälte der Kirche und aus der regentriefenden Stimmung der Nacht herausholt, die allgegenwärtigen körperlichen Schmerzen vergessen lässt, meinen

Lebensmotor in Schwung bringt, meine Begeisterung entfacht, die Welt um mich verzaubert, mich Freude, Glück und Dankbarkeit spüren lässt. Meine Finger perlen über das Griffbrett, mein Bogen wechselt im Rhythmus der Striche seine Richtung, mein Cello klingt in jeder Tonlage, das gemeinsame Musizieren wird zum Genuss. Entrücktheit. Nach der Probe kommt die Konzertmeisterin auf mich zu und erzählt, welchen Sch...tag auch sie heute hinter sich habe, aber nach diesem Mozartabend sei sie nun frisch und froh wie ein Vogel. Auch sie wurde von der Musik verzaubert.

Nun ist es ja längst kein Novum mehr, dass von der Musik eine große Heilkraft ausgehen kann und dass sie die Seele des Menschen anrührt. Dass Musik jede Sprache, vor allem die des Herzens spricht und Generationen und Völker zu verbinden vermag. Dass Musik als Therapeutikum angesehen ist und mitunter wahre Wunder vollbringt. Und das über alle Genres und Musikrichtungen hinweg. Ich genieße die positive seelische Wirkung von Musik – in meinem Fall vornehmlich die klassische und darin vor allem die Kirchenmusik – von Jugend an, bewundere ihre magische Ausdruckskraft und begeistere mich an Melodien und Rhythmen. Mich faszinieren die hohe Kunst der Komposition und der Interpretation, mich berühren die Tiefe von Klängen, Harmonien, Textdeutungen und was das alles mit mir innen drin macht. Es ist mühsam, diese Erfahrungen und Erlebnisse an Beispielen festzumachen, weil die Welt der Musik übervoll davon ist. Und trotzdem schenkt mir mein inneres Ohr in diesem Moment und im Kontext von Endlichkeit und Unendlichkeit ganz unvermittelt zwei, drei Melodien von ebenso vielen Komponisten, die ich besonders mag. *Felix Mendelssohn-Bartholdy (1809–1847)* etwa, dem im Laufe seines kurzen Lebens eine Vielzahl unsterblicher Motive eingefallen oder zugefallen sind, berührt mich besonders in der Stimmung seelischer Not mit seiner Melodie, die er in seiner Sinfoniekantate *Lobgesang* über den Text *Er zählet unsre Tränen in der Zeit der Not, er tröstet die Betrübten mit seinem Wort (Psalm 56, nach Luther)* spannt. Ich kann mich daran nicht satthören und steige danach jedes Mal real getröstet aus.

Nicht anders und doch unvergleichlich spüre ich Hoffnung und Zuversicht, wenn ich an *Johannes Brahms (1833–1897)* und sein Meisterwerk *Ein deutsches Requiem* denke. Er schrieb dieses einzigartige Chorwerk ja nicht so sehr als ein Gedenken an die Toten, sondern vielmehr als eine Tröstung der Lebenden, fügte dafür ganz eigenmächtig, aber treffend Textteile aus dem Alten und Neuen Testament aneinander und deutete sie musikalisch höchst kunstvoll und formvollendet aus. Worte vermögen nicht auszudrücken, was in meinem Herzen drin passiert und welche Stimmung alle Fasern meines Körpers erfassen, wenn mir mein inneres Ohr beispielsweise die Chorstelle im 5. Satz *Ich will euch trösten, wie einen seine Mutter tröstet (Jesaja 66, 13)* anbietet. Dieses musikalisch unglaublich dicht auskomponierte Gedankenbild steht synonym für die beschützende Umarmung einer liebenden Mutter, die wie niemand sonst mit ihrer herzensnahen Wärme vor der unwirtlichen Kälte zukunftsferner Hoffnungslosigkeit zu schützen vermag.

Und damit ich in diesem Kontext auch dem vielleicht größten aller großen Komponisten, nämlich *Johann Sebastian Bach (1685–1750),* meine Verehrung machen kann, will ich bekennen, dass ich – sollte ich einen Musikwunsch zu meiner Beerdigung frei haben ☺ – mich am liebsten im Choral aus der Johannespassion *Er nahm alles wohl in acht in der letzten Stunde* versenken würde. Sein Aufruf *O Mensch, mache Richtigkeit,*

Gott und Menschen liebe, stirb darauf ohn' alles Leid und dich nicht betrübe war und bleibt für mich Lebensmotto über alle Zeiten und Horizonte hinweg.

In den grenzwertigen Phasen meiner Krankheit, als die Kraft nicht mehr reichte, um mir einen Kopfhörer aufzusetzen und den Play-Knopf zu drücken, machte ich eine erstaunliche Erfahrung. Ich brachte zwar keine Musik an mein Ohr und hatte auch kein Bedürfnis danach, aber ich hatte oft Musik im Ohr. Dazu vermochte ich anfänglich selbst nicht, willentlich die Stücke auszuwählen, sondern es sang und klang in mir, und zwar offensichtlich so, wie es meiner inneren Gestimmtheit entsprach. Später dann konnte ich Werke und Melodien nach Belieben abrufen, und mein inneres Ohr servierte sie mir – bei bestimmten früher oft gehörten und unterschiedlich ausgeführten sogar in der gewünschten Interpretation und auch wieder frei nach meiner Wahl wie aus einer Jukebox. Es war meine Jukebox! Anfänglich wollte ich diesem Phänomen nicht trauen, und ich meinte, halb in Trance zu sein. Aber nein, ich hörte die gewünschte Musik klar und deutlich, konnte mit innerer Stimme die Texte bei Vokalwerken mitsprechen oder hatte bei Kammermusikwerken die Finger meiner linken Hand auf dem Griffbrett meines Cellos und setzte sie in vermeintlich richtigen Fingersätzen auf. Und es klang alles rein und echt und schön und vollendet. Erstaunlich! Die Wirkung muss heilsam gewesen sein, denn ich fühlte mich seelisch gestützt und innerlich gestimmt.

Wir sind Musik

Wir sind Musik,
das Schlagen und die Pausen unseres Herzens,
der Fluss unseres Blutes,
das Adagio und Allegro unseres Atems.
Sogar in unseren dunkelsten Momenten
sind wir noch Musik mit unserem Leid und Glück,
in Geigen und Oboen,
in Bläsern und Schlagzeug.
Manchmal erkennen wir unsere Melodien wieder,
wenn wir Bach, Beethoven und Brahms hören,
oder die Beatles, Edith Piaf und Klaus Hoffmann.
Ihr Leid und Glück ähnelt unserem.

Musikempfehlungen

Felix Mendelssohn-Bartholdy (1809–1847)
Lobgesang – Sinfoniekantate op. 52
Arie „Er zählet unsre Tränen in der Zeit der Not"

Werner Güra, Tenor, Kammerchor Stuttgart und die Deutsche Kammerphilharmonie Bremen unter Frieder Bernius

Johannes Brahms (1833–1897)
Ein deutsches Requiem op. 45
5. Satz „Ihr habt nun Traurigkeit"

Letizia Scherrer, Sopran, Chor des Collegium Musicum Bruneck und die Streicherakademie Bozen unter Clau Scherrer

Johann Sebastian Bach (1685–1750)
Johannes-Passion BWV 245
Choral „Er nahm alles wohl in acht"

Netherlands Chamber Choir und Orchestra of the 18th Century unter Frans Brüggen

GELEBTE UND ERLEBTE LIEBE

Das Gegenteil von alles ist nichts. Sollte es eine Steigerungsform von alles geben, wäre das gar alles, die Steigerungsform von nichts wäre dann absolut nichts. Ich habe den Eindruck, dass meine Krankheit absolut nichts meiner Erlebnis- und Gefühlswelt unberührt ließ. Das empfand ich ganz am Anfang als total bedrohlich und negativ. Mein Körper, meine Arbeit, meine Beziehungen, mein Glaube und also auch meine bislang emotional und sexuell gelebte und erlebte Liebe waren ganz elementar betroffen. All mein Tun und Lassen, mein Denken und Gestalten, mein Intervenieren und Investieren, mein Glauben und Zweifeln, mein Lieben und Leiden, mein Lachen und Weinen, mein Sprechen und Schweigen, mein Genießen und Entsagen, mir kam nichts in den Sinn, was nicht in irgendeiner Weise angegriffen worden wäre. Tief in alle Poren und weit unter die Haut, hinein in die intimste Welt meiner Gefühle und Empfindungen hat der Tumor Spuren hinterlassen, Zukunft zerrüttet, Vertrauen verwüstet. Das Leben reduzierte sich auf seine bloße nackte Existenz. Der Rhythmus des Ein- und Ausatmens und ein verloren wirkender Herzschlag blieben das einzig Bekannte und Wiedererkennbare von einst. Erste neue Lebenszeichen kamen nach der anfänglichen

Schockstarre nicht aus der Ecke des Verstands, sondern aus der geheimnisvollen Welt des Glaubens und dem universellen Empfinden von Liebe. Die Liebe stemmte sich gegen die düstere Auffassung vom Leben in dieser Zeit. Eine zarte Brise Hoffnung streute Bernadette in mein Gemüt, wenn sie mir trotz Tränen der Verzweiflung in die Augen schaute, meine schweißnassen Hände hielt und gestand: *Ich liebe dich so sehr!* Das war wohl der erste und letzte Grund zum Leben, zum Überleben, zum Weiterleben.

Nicht minder stark war Bernadette nach meiner Aufnahme in die Intensivstation gewesen, als die Ärzte ihr aufgrund einer hinzugekommenen Sepsis sagen mussten, sie könnten in diesem Stadium medizinisch nichts mehr tun und müssten es meinem Körper überlassen, ob er von sich aus noch einmal – oder eben nicht mehr – zu regenerieren vermag. Ich war in dieser Zeit nur noch schwach bei Bewusstsein und an der Schwelle zum Übergang angekommen, was Bernadette bestimmt spürte. Und sie sagte mir nachher, dass sie mir in diesem Moment größter seelischer Not ins Ohr flüsterte, sie würde mich, wenn das nun mein Weg wäre, trotz aller Unfassbarkeit loslassen, würde mich gehen lassen. Lässt sich Liebe stärker und echter erleben und erleiden? Und wo nahm Bernadette diese Kraft her? Mir kam das schlicht übermenschlich vor. Ich fragte sie später öfter danach und jetzt noch einmal beim Verfassen dieses Kapitels. Es fiel ihr schwer zu benennen, was in solchen Situationen gedanklich im Widerstreit zwischen der Ratio im Kopf und dem Gefühl im Bauch ablief. Sie meinte aber sinngemäß: Momente größter seelischer Not hätten auch eine Kehrseite. Am tiefsten Punkt der Verzweiflung angekommen, verwandelt die Liebe ein verkrampftes Festhaltenwollen in ein transzendiertes Loslassenkönnen. Alles Materielle mit Besitzanspruch fällt jenseits schmerzhafter Verlustangst wie die äußeren Schalen einer Zwiebel ab und offenbart der Liebe größte Reinheit in glasklarer Echtheit. Ein elementares, zutiefst anrührendes Gefühl durchströmt Herz und Sinn. Der Verstand fragt nicht mehr, die Vernunft agiert nicht mehr. Und damit ist es gut so, wie es ist.

Während einer schweren Krankheit braucht es, wie gesagt, einen Grund zum Leben. Der Urgrund schlechthin ist die Liebe. Was gibt es in solchen Zeiten Schöneres, als Liebe zu spüren? Im Geben und im Empfangen? Die Endlichkeit vor Augen und die Unendlichkeit im Blick, überwindet die Liebe Angst und Einsamkeit, zaubert wie munter flatternde Schmetterlinge eine körperlose Leichtigkeit ins Gemüt und berührt die Unendlichkeit. Mir fällt es nicht schwer, ein Loblied auf die Liebe anzustimmen, weil ich sie so stark empfinde. Ich lebe ja in der Gewissheit, dass Liebe zeitlos und unbegrenzt ist. Sie reicht in die Unendlichkeit hinein und überdauert auch den Tod. Die Liebe schärft die Sensibilität und Wahrnehmungsfähigkeit füreinander. *Ich liebe dich,* das sind drei Worte, die vor Schönheit duften. Sie schwärmen von Wärme, Vertrauen, Hingabe und Zärtlichkeit. Und sie lassen spüren, in diesem Augenblick ein Herz und eine Seele zu sein. Liebesworte verwandeln den Augenblick in einen magischen Moment und zaubern Sternstunden ins eigene Universum. Das Leben ist dann der Vollkommenheit nahe. Auch eine Krankheit liefert, so eigenartig das anfänglich klingen mag, Gründe für ein neues Verliebtsein, für ein tiefes Empfinden von Liebe mit Ewigkeitscharakter. Vielleicht wird das Leben in diesen erhabenen Momenten so besonders kostbar, weil der anklopfende Tod es zu begrenzen trachtet.

Natürlich bin ich mittlerweile nach der Überwindung der ersten und unmittelbaren Lebensbedrohung auch gemütsmäßig wieder im Normalzustand angelangt, und der Alltag unserer

Liebe fordert seinen Tribut. Die Liebe stellt ja auch Ansprüche. Wiederkehrend müssen wir für sie und an ihr arbeiten, müssen ihren Wert wieder erkennen, müssen wissen, dass sie zerbrechlich und vergänglich ist. Wir müssen die Fallen wieder sehen, die in der Alltäglichkeit versteckt aufgestellt sind und das Feuer der Liebe gefangen nehmen. Wir wissen wohl: Wenn wir uns nicht um unsere Liebe kümmern, verkümmert sie.

Eine große Herausforderung dabei sind meine körperlich schwer veränderten Empfindungen und Reaktionen. Ich bin oft auch traurig, dass mich die reduzierte Beweglichkeit und die ständigen Schmerzen einschränken und dass ich über meine Haut nur noch so wenig zu fühlen vermag. Starke Medikamente haben meine Nervenspitzen an Händen, Füßen und im Intimbereich irreversibel verbrannt und meine Schleimhäute verätzt. So gehe ich mit Bernadette weniger oft Hand in Hand, dafür mehr Hand in Handy ☺, liebe ich körperlich weniger mit Haut und Haar, dafür öfter mit Mund und Herz, oder lasse mich nicht mehr hauchzart berühren, bis ich Gänsehaut habe, dafür entweder kräftig anfassen oder gar nicht. Das tut – nicht nur meinem Gemüt – weh. Unser beider Erinnerungen müssen sich an vergangene Tage wärmender Geborgenheit in glückseliger Vereinigung trösten. Sie sind eben Beweis für die Flüchtigkeit und Endlichkeit und zugleich für die Kostbarkeit traumwandlerischer Schönheit, wenn zwei Menschen sich liebend begegnen und spüren, füreinander begabt zu sein. Die Vergegenwärtigung gemeinsam erlebten Glücks ist eine echte Kraftquelle in schwerer Zeit, und die Erfahrung aus langer Beziehung bestätigt uns, dass gegenseitige Großzügigkeit die vielleicht beste Grundlage für jeden neu gel(i)ebten Tag unter veränderten Bedingungen ist.

Ungeachtet dieser schmerzenden Einschnitte sagt mir die wirklich empfundene Liebe klar, dass ich dich, Bernadette, ganz mag und so will, wie du bist. Dass ich dich auch so annehme, wie du mit mir als stark verändertem Partner umzugehen vermagst. In deiner ganzen betörenden Originalität darfst du sozusagen gar nicht anders sein, weil du so schön bist wie jetzt, innen und außen. Noch schöner bist du nur, wenn du lachst! Darum bringe ich dich eben gerne zum Lachen! Immer wieder, auch im Krankenhaus, wo es vermeintlich nichts zum Lachen gibt. Und wenn wir dann beide lachen, stecken wir alle Menschen, die aufs Zimmer kommen, an. Du schenkst mir jedenfalls so besondere Glücksmomente, die sich aus deinem Dasein und deiner Wesensart nähren.

Die Liebe zeigt sich als ein Wunder des Austauschs von Geben und Nehmen. Hatte ich gestern in der Kraft meiner Gesundheit noch einen ideenreichen Geist, einen starken Rücken und ein zielgerichtetes Vorangehen, bin ich heute in der Bedürftigkeit meiner Krankheit angewiesen auf helfende Hände, große Geduld und ein weites Herz. Die Liebe überwindet diese Demütigung durch die Schwäche und macht mich in der Gegenwart liebender Fürsorge auf eine besondere Weise „gesund“. Es lehrt uns unsere Liebe, miteinander so zu leben, auf dass Abgrenzung und Hingabe in einer gesunden Balance zueinander stehen, die nicht mathematisch ermittelt, sondern über die Herzensbilanz errechnet wird. Diese folgt emotionalen Regeln jenseits von Zeit und Raum und kommt immer zu einem stimmigen Endergebnis.

Musikempfehlung

Ennio Morricone (* 1928)
Gabriels Oboe (aus dem Film „Mission“)
Meine Referenzinterpreten: Yo-Yo Ma Violoncello
und das Roma Sinfonietta Orchestra unter Ennio Morricone

Als du heute gingst

Als du heute gingst –
ich sah dich kleiner werden
in der großen leeren Luft –,
da schien es mir,
als wäre es zum letzten Mal.
Dann aber wusste ich wieder,
dass du ein ewiges Ebben und Fluten
in mir bist,
über die Zeit hinaus,
die in Minuten tickt.

PILGERN – EIN ÄUSSERER WEG ZUR INNEREN MITTE

Ich habe schlechte Erinnerungen an Wallfahrten in meiner Kindheit. Von diesbezüglich wenig einfühlsamen Eltern mitgeschleppt, körperlich total überfordert, gefährlich dehydriert, katastrophal beschuht, umzingelt von übel riechenden Betweibern und eingepfercht in überfüllte Wallfahrtskirchen, denen endlos sich wiederholende Rosenkränze und brennende Felder roter Votivkerzen den letzten Sauerstoff entziehen. Das sind meine Bilder von früher. Umso erstaunlicher, dass ich trotzdem das Rosenkranzgebet und seinen gleichmäßigen Rhythmus mag, gerne in Wallfahrtsbüchern blättere und bereits in jungen Buchhändlerjahren auf Pilgerliteratur aufmerksam wurde. Es ging eine Faszination von Weitwanderungen zu spirituellen Kraftorten aus. Sie mündete, je satter, stabiler und geordneter mein Leben wurde, in eine wachsende Sehnsucht nach Unterbrechung des Alltags, nach Nähe zu mir, nach Berührung mit der Natur und nach einer ganz persönlichen Begegnung mit Gott. Gewiss, es war wichtig und gut, Arbeit zu haben, ein Zuhause und eine Familie. Auch aktives Mitglied in Vereinen und Verbänden zu sein. Die Schattenseiten zeigten sich aber auch in Überarbeitung, Überforderung, Überlastung. Und je stärker mitunter die Fremdbestimmung wuchs, desto deutlicher meldete sich Sehnsucht. Sehnsucht nach einem Zeitwohlstand abseits des eng getakteten Terminkalenders, nach einem Glücksgefühl im materiellen Verzicht, nach Zufriedenheit durch äußere Genügsamkeit, nach Erfahrung von Wesentlichkeit, nach einer Wirklichkeit hinter der Wirklichkeit.

Dies intensiv erfahren und erleben zu können, schilderten mir die vielen einladenden Pilgererzählungen in Büchern, Vorträgen und persönlichen Berichten von Menschen, die sich mutig ihrer Sehnsucht stellten, ihre Komfortzone verließen, ihre Erfahrungen machten und ihren Gewinn daraus zogen. Ich schaffte es über die Jahre allerdings nie, mich von meinem Alltag loszureißen und ein mehrwöchiges Zeitfenster ohne schlechtes Gewissen zu öffnen, in das eine Pilgerwanderung nach meinen Vorstellungen hätte hineinpassen können. Es blieb bei der Sehnsucht und der Hoffnung, vielleicht später einmal, wenn die Lebens- und Arbeitsumstände günstiger wären, aufbrechen zu können. Und dann brach die Krankheit über mein Leben herein und begrub auch diese Hoffnung. Aber die Sehnsucht blieb. Und ich konnte diese scheinbar als unerfüllt annehmen und integrieren.

Die Autorin und Bloggerin *Susanne Niemeyer (*1972)* lud in einem Fasten-Wegweiser ein, sich wieder einmal mit dem *Geist des Anfangs* zu treffen und sich dabei zu fragen: *Wann habe ich zuletzt etwas zum ersten Mal getan?* Und: *Was würdest du gerne tun?* Diese Fragestellung ließ mich unmittelbar in meine Schublade unerfüllter Lebensträume greifen, und als Erstes hielt ich das Wort *Pilgern* in der Hand. Das war's auch schon. Doch bald darauf kam der Tag der Begegnung mit einem Freund, der mir von seinem Plan, im Frühling den Benediktweg im Herzen Italiens zu gehen, erzählte. Dieser Pilgerweg verbindet auf einer Länge von gut 300 Kilometern die wichtigsten Lebensstationen des heiligen

Benedikt von Nursia (480–547 n. Chr.). Der noch junge Weg startet in Norcia, der Geburtsstadt des Heiligen, verläuft an den Westflanken des Apennins durch den südöstlichen Teil Umbriens, vorbei an Benedikts langjährigem Wirkungsort Subiaco bis hinunter zur Grabstätte in Montecassino, südlich von Rom. Der heilige Benedikt gilt als Begründer des abendländischen Mönchtums. Er schrieb die berühmte *Regula Benedicti* und wurde 1964 vom damaligen Papst *Paul VI.* zu einem der Patrone Europas erhoben. Die Marmorstatue des heiligen Benedikt steht prominent auf der zauberhaften Piazza San Benedetto vor der Basilika in Norcia.

Es muss bei dieser Ankündigung wohl Sehnsucht aus meinen Augen geleuchtet haben, denn spontaner hätte der beste Freund nicht sagen können: *„Komm doch einfach mit!“ – „Und wie stellst du dir das vor, ich mit gebrochener Wirbelsäule und vom Tumor durchstanzten Kniescheiben?“ – „Das Gepäck trag' schon ich dir, für mich sind ein paar zusätzliche Kilo nicht entscheidend. Du schaffst das!“* Ich kürze die weiteren Entwicklungsschritte ab und beschränke mich hier darauf zu berichten, dass meine Sehnsucht wie aus dem Nichts wieder erwacht war und eine ganz neue Dimension erhielt. Die Erzählung von meinem neuen Projekt rief bei Bernadette zunächst völlig ungläubiges Kopfschütteln hervor. Sie war ja auch zu Recht besorgt. Bald darauf kam aber weitere Bewegung in das Thema durch die Empfehlung meiner Ärzte, des Hämatologen wie des Komplementärarztes. Beide bestärkten mich vorbehaltlos und taten dies – ganz wichtig – in Anwesenheit von Bernadette. Damit hatte mein kühnes Unternehmen auch den ärztlichen Segen bekommen. Im Beratungsgespräch war auch davon die Rede, dass das Pilgern sich oft positiv auf einen Krankheitsverlauf auswirkt und zwischendurch wundersame Dinge passieren. Davon künden ja auch die vielen Votivtafeln in den Wallfahrtskirchen. So weit wollte ich gedanklich mit meinen

Sehnsüchten allerdings nicht gehen und mir das Wunder einer Heilung erwarten. Dafür bin ich Realist genug. Andererseits kam mir auch der Satz von Israels erstem Ministerpräsidenten, *David Ben Gurion (1886–1973),* in den Sinn: *Wer nicht an Wunder glaubt, ist kein Realist.*

Wenige Wochen später machte ich mich dann tatsächlich – wenngleich unter wenig günstigen Umständen – auf den Weg. Im Zug nach Rom war ich noch mit Mundschutz unterwegs, eine vorangegangene Grippe hatte mein Immunsystem wieder einmal geschwächt, und ich wollte mein Pilgerprojekt nicht durch neue Bazillenangriffe zusätzlich gefährden. Die ganze Pilgertour war absolut kein Spaziergang für mich, drohende Überforderungen lauerten wiederkehrend.

Bereits in der Vorbereitung war es spannend und erhellend zu erleben, wie sich vor Befüllen des Rucksacks die Packliste bei jeder Durchsicht weiter und weiter reduzieren ließ, wie aus dem Notwendigsten das Allernotwendigste wurde und schlussendlich nur noch geringfügig mehr als fünf Kilo plus etwas Proviant und ausreichend Wasser, in Summe etwa sieben Kilo Gepäck übrig blieben. Materieller Verzicht, genauso wie ich ihn mir vorgestellt und gewünscht hatte. Die fünf Kilo trug ich, zwei durfte ich auf meine Pilgerfreunde verteilen.

Menschen, die mir viel bedeuten, gaben Gedanken mit auf den Weg. Es waren Ermutigungen, Wünsche, auch persönliche Anliegen, weise Sätze. Jeden Tag kam eine dieser geistigen Kostbarkeiten dran und begleitete uns als Meditation auf dem Weg. Erstaunlicherweise passten alle Gedanken punktgenau zur Stimmung des Tages, obwohl sie rein zufällig ausgewählt waren. Der heilige Benedikt gab uns auf der Etappe ab Subiaco, seiner langjährigen

Wirkungsstätte, seinen wohl bekanntesten Aufruf *Ora et labora* mit, und es kam *P. Anselm Grün OSB (* 1945)* zu Wort mit *Ein weites Herz macht gelassen. Und es urteilt nicht über andere Menschen*. Auf dem Weg zum Geburtsort des heiligen *Thomas von Aquin (1225–1274)* nach Roccasecca begleitete uns dessen Gedanke *Lerne dein Schicksal zu lieben. Es ist der Gang Gottes durch deine Seele*. Und just an dem Tag, als mir die Chemotherapie, welche ich während des Pilgerns nicht absetzen sollte, arg zu schaffen machte und mich nahe ans Aufgeben brachte, wählte ich morgens vor dem Aufbruch unbewusst aus dem Topf der Gedanken den Ausspruch von *Hilde Domin (1909–2006): Federn lassen und doch schweben*. Besser hätte ich an dem Tag und auch insgesamt meine Pilgererfahrung nicht beschreiben können! Sätze, die einen ganzen Tag lang Raum haben, ihre Bedeutung im Gehen zu entfalten, bekommen eine besondere Aura und Tiefe und ersetzen – zumindest mir – das laute, aufgezwungene Unisono-Gebet einer Rosenkranzserie, die mich anno dazumal befremdete statt bereicherte.

Unabhängig von äußeren Bestimmtheiten und den Umständen des Lebens kann sich im Gehen ein Rundum-Wohlbefinden entwickeln, das zu innerem Frieden und tiefer Dankbarkeit führt. Das ist meine Vorstellung von Glück auf dieser Welt! Gewiss kein Dauerzustand, wohl aber Momente, die hineinstrahlen in den Tag und auch über den Tag hinaus Farbe und Wert geben. Trotz der körperlichen Anstrengungen mehrtägiger kilometerlanger Touren ist das Leben als Pilger erstaunlich einfach, geradezu erholsam und meinem Wesen auf der Spur. Einfach, weil ich für einen glückenden Tag befreiend wenig brauche, erholsam, weil der Körper des Nachts auf wundersame Weise regeneriert und am Folgemorgen wieder fit und bereit ist für das nächste Etappenziel. Auch dem spirituellen Kern in mir nahe, weil etwas von der Verheißung Gottes im Herzen drin spürbar wird, von ihm geliebt und gehalten zu sein.

Beim Pilgern bekommt zudem das Fremde um mich herum eine ganz eigene Färbung. Oft genug wirkt das Unbekannte ja bedrohlich, schürt Ängste und befeuert das Bedürfnis nach Sicherheit. Beim Pilgern hingegen verweist die Fremde um mich herum auf die Heimat in mir. Der Schwerpunkt der Wahrnehmung verlagert sich von außen nach innen, im gleichmäßigen Durchschreiten der unbekannten Landschaft wird die große Stille um mich herum spürbar, alle Sinne öffnen sich und machen mich staunen. Das sind ganz wunderbare Momente tiefen Einswerdens mit mir. Herausgenommen aus dieser inneren Versenktheit und erneut, aber anders mit dem Göttlichen verbunden, werfe ich einen Blick zurück, über die durchwanderten Horizonte hinweg. Und ich kann nur staunen darüber, wie weit die eigenen Füße im Wissen um Gottes Segen auf einem Pilgerweg tragen. Auch das eine Erfahrung, die zur eigenen Mitte führt.

Wer am Ende des Pilgerweges sein Ziel erreicht hat und – wie im Falle des Benediktweges in Montecassino – unter dem Torbogen der großartigen Klosteranlage mit der kurzen Aufschrift *PAX* steht, der darf dankbaren Herzens durchatmen. Es verwundert nicht, wenn man an diesem Ort Menschen begegnet, denen ein gewisses Strahlen über ihr Gesicht huscht und die Welt um sich herum für einen Augenblick verzaubern. Und die dankbar zwar, aber zugleich mit dem lodernden Feuer innen drin nach Hause fahren in der Hoffnung, sie können erneut aufbrechen. Irgendwann, irgendwohin, unterwegs zu sich selbst.

Die anschließenden Blutuntersuchungen erwartete ich zugegebenermaßen diesmal mit mehr Spannung. Wohin würde das Pendel wohl ausschlagen? Und siehe da, die Messungen des Tumormarkers und weiterer Kennwerte zum Bestimmen des aktuellen Krankheitsstadiums fielen signifikant besser aus. Wow!

Nicht, was uns passiert

Wir können immer –
eigentlich wollte ich das Wort
nicht mehr gebrauchen –
die Freude in der Welt vergrößern.
Die Welt ist so eingerichtet,
selbst wenn wir bluten
und unsere Tränen frei fließen.
Nicht, was uns passiert,
bestimmt, ob das Wunder sich niederlässt.
Es kann einen Blinden wählen,
einen abgehetzten Flüchtling,
sogar den Sterbenden,
mitten im Verlust seiner Möglichkeiten.
Unsere liebende Nachdenklichkeit bereitet es vor,
als würde sie ein singender Vogel sein.
Das Lied ist allem unterlegt,
darauf wartend, dass wir es erkennen.

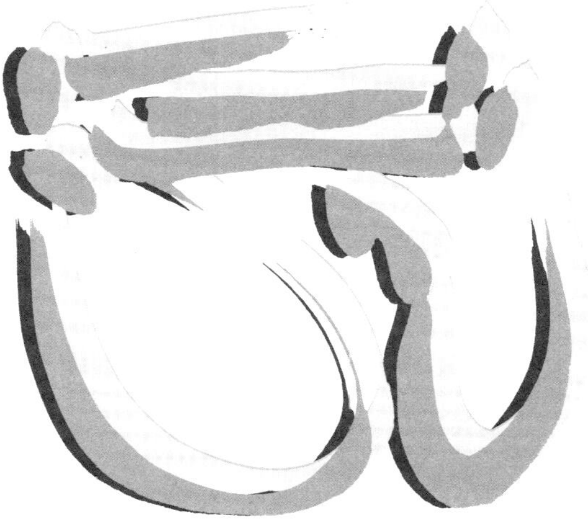

Musikempfehlung

Antonín Dvořák (1841–1904)
Sinfonie Nr. 9 „Aus der Neuen Welt“
2. Satz Largo
Mein Referenzinterpret: New York Philharmonic Orchestra unter Lorin Maazel

ENTSCHIEDEN LEBEN IM HIER UND JETZT

Unsere Zukunft entsteht aus Augenblicken der Gegenwart. Und die Gegenwart ist das Ergebnis unserer Vergangenheit. Wir sind heute, was wir gestern gedacht und getan, auch nicht getan haben. Unser kleines persönliches Universum lebt zwischen unserem Gestern, unserem Heute, unserem Morgen. Natürlich stark geprägt und beeinflusst von außen, aber in letzter Konsequenz gefärbt von unserer subjektiven Sicht auf die Dinge. So haben wir ein Stück weit selbst die Freiheit, uns eine eigene innere Welt zurechtzulegen und uns dort zu beheimaten, uns darin wohlzufühlen. Schon die vorchristlichen griechischen Philosophen empfahlen uns die Konzentration auf das, was gerade geschieht, nicht das ewige Wühlen im Gestern genauso wenig wie das Erträumen eines besseren Morgen.

Wenn nun ein unerwartetes Ereignis wie ein Blitz ins eigene Leben einfährt und das sauber gezimmerte Haus der Zukunft mit einem Schlag in Schutt und Asche legt, wenn also alle Perspektiven verloren gehen, bleibt noch der Augenblick, der Moment, in dem ich gerade atme. Mehr ist da nicht mehr! Was damit anfangen? Mir ist in der Zeit akuter Überlebenskrise noch einmal mehr deutlich geworden, wie ich bisher tickte, woran ich mich orientierte. Und es war eindeutig die Zukunft! Ich habe gerne geplant, hatte meine Träume, meine Hoffnungen, meine Sehnsüchte. Vieles lag als denkbare Möglichkeit vor mir, manches sollte noch besser, noch einfacher, noch souveräner, noch gelingender werden. Und auf vieles konnte ich verzichten in der Hoffnung, es später hinzukriegen oder realisieren zu können. Was heute nicht ging, sollte vielleicht morgen möglich sein. Vor allem Aktivitäten der Kategorien Leidenschaft, Leichtigkeit oder Luxus vertrugen Aufschub. *Zuerst die Arbeit, dann das Vergnügen.* Das war der Glaubenssatz, den ich aus Erziehung und Erfahrung voll in mein Leben integrierte. Und mit einem einzigen Diagnosesatz waren dieses Weltbild, diese Hoffnung, dieser Traum zerstört. Es gab keine Zukunft mehr. Nur noch Endzeit. Die sinnesraubenden Schmerzen an der implodierten Wirbelsäule taten ihr Übriges, um mich nur noch aufs Atmen, das über Strecken hinweg ein Stöhnen war, zu konzentrieren. In klareren Bewusstseinsmomenten fühlte ich mich um meine Zukunftspläne und Träume betrogen, war im Selbstmitleid verloren. Es gab nur noch ein Hier und Jetzt. Und das war alles andere als erfreulich!

Mit der Zeit aber kam Bewegung in diese Grundstimmung, ausgelöst durch die Kraft der Annahme des offenbar Unvermeidlichen. Ich lernte in langsamen Gedankenbewegungen, mich auf den Moment zu konzentrieren, und erinnerte mich auch an einen Freund, der wenige Jahre vorher eines Tages wortlos und mit entleertem Blick zu mir ins Büro gekommen war. Ich hatte durch die Medien kurz zuvor erfahren, dass eine Baggerschaufel seinem damals 15-jährigen Sohn am Beginn eines Sommerpraktikums bei einem Arbeitsunfall in die Wirbelsäule gegriffen und ihn lebensgefährlich verletzt hatte. „*Komm*

Alfred, setz dich her. Wie geht es dir, und wie packst du's denn?", war meine stereotype und etwas hilflose Frage. „*Ich bin jetzt hier!"*, war seine Antwort. „*Ich bin jetzt hier!"*, sagte er noch einmal. Alfred ist auch Bühnenmensch und zeigt als solcher zwischendurch theatralische Züge. Ich dachte für mich, er könne diese in so einer Ausnahmesituation auch ablegen. Aber nein, er wiederholte sich bedeutungsvoll ein weiteres Mal: „*Ich bin jetzt hier! Einfach bei dir! Nicht mehr und nicht weniger! Das ist meine einzige Überlebenschance. Wenn ich an morgen denke, an die Zukunft meines Sohnes, an die meiner Familie und an meine eigene, wird mir schwarz vor Augen. Wenn Micha überlebt, dann ist das eins, wenn er ein Leben lang hoch querschnittgelähmt an einen Rollstuhl gefesselt bleibt, ist das noch einmal etwas anderes. Wie soll ich jetzt damit klarkommen, woher wissen, wie's weitergeht, und wo soll ich die Kraft dafür hernehmen, wie einen Sinn darin erkennen?"*

Ja, das waren starke und klare Worte, und ich meinte, verstanden zu haben. Hatte ich damals schon geahnt, dass die Worte von Alfred bald auch für mich galten und zur mentalen Überlebensstrategie wurden? Ganz radikal? Denken und handeln im Hier und Jetzt. Die einzige Möglichkeit. Aber immerhin eine. Was für ein Paradigmenwechsel für mich, der ich immer mit Energie und dem Anspruch auf Weitblick nach vorne schaute, weit voraus. Der ich ohne Bedenken meinen Terminkalender auch schon fünf Jahre im Voraus bei mir trug und mit Freude füllte, weil dieser Akt nach Zukunft roch, nach Lebendigkeit und Gestaltungswillen. Und jetzt sollte diese Denkweise mit einem Mal ausgedient haben! Ich erlebte täglich ihr Versagen, weil es keine Zukunft mehr gab, weil mich jeder Gedanke an morgen traurig machte und in die Nähe von Verzweiflung trieb. Ich brauchte Mut, ordentlich viel Mut, um meine Irgendwie-Zukunft trotz aller Gegenwartsbetonung positiv anzuschauen. Zugleich tat ich gut daran, das Wort

ZUKUNFT so wenig oft als möglich zu buchstabieren, sondern es mit dem kürzeren Wort *JETZT* zu tauschen. Eine Übung, die mit der Zeit Wirkung zeigte. Ich erinnere mich an die Aussage eines italienischsprachigen – ebenfalls lebensgefährlich kranken – Mitpatienten auf der Abteilung Hämatologie am Krankenhaus Bozen, der mir erzählte, er sei jedes Mal innerlich zusammengezuckt, wenn ein Besucher sich bei ihm mit den Worten *Ci vediamo* (*Wir sehen uns*) verabschiedete. Und er brachte es nicht über die Lippen, mit *Sì* zu antworten …

Nach und nach fügte ich mich einer neuen Art, mein Leben zu betrachten. Nach und nach fand ich Bilder, die zum Moment passten. Nach und nach entdeckte ich Denkformen, die es mir leichter machen sollten, die Sorge um Zukunft durch das Ausblenden von Zukunft abzubauen. Ich kam mir zwar noch sehr jung und viel zu früh zum Abtreten vor, aber ich hatte bereits bis hierher ein intensives Leben gehabt und schöne Ziele verwirklicht. Dazu zählte meine wunderbare Familie, dazu zählte mein beruflicher Weg, dazu zählte die relative materielle Sicherheit unserer Eigentumswohnung, dazu zählte finanzielle Schuldenfreiheit. Weil ich mein bisheriges Leben so bilanzieren konnte, sollte es mir leichter fallen, die Zukunft fortan nicht mehr so aktiv gestalten zu müssen, sondern mich mehr auf den Moment besinnen zu können. Und ich merkte, es funktioniert! Ich erlebte, wie jeder Augenblick an Intensität und Bewusstheit gewann. In Gesprächen kann ich mich jetzt mehr auf mein Gegenüber einlassen, im Zuhören bin ich wachsamer, im Betrachten meiner Umwelt achtsamer. Ich lasse mich weniger ablenken, beobachte genauer, schärfe meine Sinne, genieße jeden Atemzug auf meine Weise. So gibt es mittlerweile kein *Dann,* kein *Später* mehr. Nur noch ein *Jetzt*. Wirklich *Jetzt*! Hier kann ich wesentlich präsenter und achtsamer sein.

Diese neue Grundhaltung wird auch in folgender Weisheitsgeschichte noch einmal deutlich:

Die Schüler sprachen mit ihrem Meister über Glück. Sie wollten von ihm wissen, warum er immer so glücklich sei. Der Meister antwortete:

Wenn ich liege, dann liege ich,
wenn ich sitze, dann sitze ich,
wenn ich stehe, dann stehe ich,
wenn ich gehe, dann gehe ich.

Darauf sagten die Schüler:

Meister, das tun wir doch auch! Sag uns, warum bist du so glücklich?

Er antwortete:

Wenn ich liege, dann liege ich,
wenn ich sitze, dann sitze ich,
wenn ich stehe, dann stehe ich,
wenn ich gehe, dann gehe ich.

Die Schüler wurden ärgerlich und baten ihren Meister mit Nachdruck:

Sag uns endlich, warum bist du so glücklich?

Der Meister antwortete:

Nein – wenn ihr liegt, dann sitzt ihr schon,
wenn ihr sitzt, dann steht ihr schon,
wenn ihr steht, dann geht ihr schon,
wenn ihr geht, dann seid ihr schon am Ziel.
Eure Gedanken sind nie da, wo ihr gerade seid. Lasst euch auf den gegenwärtigen Augenblick ein, und ihr werdet glücklich und zufrieden sein.

Was allerdings an Qualität abgenommen hat, ist meine Zuverlässigkeit. Ich habe zunehmend das Gefühl für Termine und das Gespür für eine leistbare Aneinanderreihung von Verpflichtungen verloren. Ohne Kalender im Smartphone wäre das heute eine mittlere Katastrophe. Auch ohne wiederholte Korrekturanweisungen von Bernadette, deren realistische Sicht auf Dinge und Abläufe meine bald bei Weitem überstieg. Und Multitasking ist auch nicht mehr. Nicht mehr heißt, dass ich mir früher – in dieser Disziplin geübt – ziemlich gut vorkam, wenn ich fünf Dinge gleichzeitig erledigte und zehn weitere parallel dazu schon im Kopf ausbrütete. Obgleich auch mir irgendwann die Grenzen entgegenkamen mit teils skurrilen Episoden. Einmal, als ich im vollen Multitasking-Stress nicht mehr wusste, wo mir der Kopf stand, eilte auch noch die Sekretärin in mein Büro und reichte mir ein Post-it über den Schreibtisch, darauf eine Telefonnummer und das Wort *dringend* standen. Und ich nahm den Zettel, hielt ihn reflexartig an mein Ohr, offensichtlich in der Hoffnung, ich hätte damit bereits den Hörer mit der gewählten Nummer in der Hand und bräuchte nur noch auf Antwort zu warten. Da musste ich kopfschüttelnd einen Moment innehalten und mir sagen: *Jetzt reicht's aber ☺!*

Heute funktionieren Denken und Tun nur noch linear und nicht mehr parallel. Aber Leben im Hier und Jetzt hat große Qualität bekommen, nimmt Zukunftsängste und schenkt dem Augenblick jene Bedeutung und Tiefe, die ihm von der Schöpfung eigentlich zugedacht ist! Der spirituelle Lehrmeister *Eckhart Tolle (* 1948)* bezeichnet das *JETZT* als *die Kraft der Gegenwart*. War das eine der ersten elementaren Erkenntnisse über den wirklichen Wert einer existenziellen Krise, die nicht nur Vertrautes nahm, sondern auch etwas ganz Neues bot?

Die Bedeutung des Augenblicks wird sehr gut in der Musik vernehmbar. Musik lebt und wirkt in der Omnipräsenz größtmöglicher Wachsamkeit. Der Interpret widmet sich jedem Ton in seiner ganzen Intensität und Aussagekraft, egal ob als Sänger oder Instrumentalist. Der Zuhörer kann sich darin versenken und aufnehmen, was ihm der Klangmoment schenkt. Musik passiert jetzt, Musik verhallt jetzt, Musik hinterlässt keine materiellen Spuren. Musik ist Zeitkunst.

Ein anderes gutes Beispiel für den Wert des Augenblicks, für das konkrete Leben im *JETZT* ist unser Morgenritual des gemeinsamen Frühstücks, auf das wir in unserer Partnerschaft großen Wert legen und wofür wir viel anderes hintanstellen. Es gibt uns Zeit für den Moment, im Zuhören oder Erzählen, was uns bewegt, beglückt, betrübt. Jeder mit diesem Ritual begonnene Morgen gibt dem Augenblick große Kraft, dem Tag Richtung. Und aus vielen solchen Augenblicken haben wir auf einer inzwischen langen Schnur viele Gedankenperlen aufgefädelt, die unserem Leben Glanz geben und es wertvoll machen. Und alles beginnt von Neuem am Morgen in diesem Moment. Dabei lacht mir verstohlen der unermüdliche Konstrukteur positiver Lebensbilder, der gegenwärtige *14. Dalai Lama Tendzin Gyasho (*1935)* vom Tischkalender herüber, darauf von ihm geschrieben steht:

Es gibt nur zwei Tage im Jahr, an denen man so gar nichts tun kann: Der eine heißt gestern, der andere heißt morgen. Also ist heute der richtige Tag, um zu lieben, zu glauben, zu handeln. Und vor allem zu leben!

Musikempfehlung

Georg Friedrich Händel (1685–1759)
Concerto grosso op. 6 Nr. 7 in B-Dur
4. Satz Andante
Mein Referenzinterpret: Il Giardino Armonico

Gezählte Tage

Wer zählt sie,
diese Einmaligen, die sich auflösen,
wenn sich das Rad schneller dreht?
Ich,
der ich warten kann,
warte nicht,
schaue ohne Ungeduld zu,
wie auch ich mich auflöse.
Mit der Hoffnung,
dass die Verwandlung schon hier beginnt.
Mit dem Geschmack von Licht.
Und Herzklopfen.
Jetzt.

VOM HABEN UND VOM SEIN

Im Lebenszyklus eines Menschen verändert sich der gefühlte Wert von Haben in Form von Geld und Gut weniger mit zunehmendem Alter als mehr mit individuellen Lebenserfahrungen. Ein Nahtoderlebnis wie mein extremes Beispiel führt zu einer radikalen Veränderung der eigenen Lebensauffassung, zur Neube*wert*ung aller materiellen Gegenstände um mich herum. Ich hatte zwar schon früher keinen ausgeprägten Sammlertrieb, fand es aber beispielsweise bereichernd und beruhigend, Bücher und Tonträger um mich zu haben, träumte von einer Universität im Bücherregal, von ständig griffbereiten Texten und Musik. Vor dieser persönlichen Bibliothek zu stehen und mit dem Handrücken liebevoll über die Buchrücken zu streichen, wurde für mich zu einer Art Ritual, so als hätte ich meine eigene Biografie vor Augen, zumindest meine Bildungsbiografie. Geld und Gut haben auch mir das Gefühl von Unabhängigkeit gegeben und vordergründig meinen Selbstwert erhöht. So förderte ein Kauf von irgendeinem Gegenstand durchaus mein Wohlbefinden, ungeachtet dessen, ob unmittelbarer Bedarf gegeben war oder nicht. Ich tat mir zwischendurch einfach etwas Gutes, ich gönnte mir etwas. Das ist heute zwar nicht grundlegend anders, ich bin aber sehr viel selektiver geworden. Ich merke, dass gängige gesellschaftliche Erwartungen, etwas Bestimmtes zu tun oder zu kaufen, bei mir jetzt eher ins Leere laufen als früher. Und damit gibt es weniger sogenannte *Must-haves*, die mich beschäftigen und nach Haben-Müssen schreien. Auch Moden, Trends, Wettbewerb und Prestige haben spürbar ihren – ohnedies fraglichen – Reiz verloren und machen weniger Druck.

Ich merke, das Wissen um meine Endlichkeit entzaubert materielle Werte, in manchen Bereichen auf das Niveau der eigenen individuellen Grundsicherung, die ja immer noch auf einem im weltweiten Vergleich hohen Standard steht. Das fühlt sich sehr erleichternd und den Alltag vereinfachend an. Zu spüren, dass ich im Grunde wenig brauche, ist ein wunderschönes Gefühl und sättigt die emotionale Magengrube. Überhaupt, wenn zuvor noch radikales Entrümpeln Raum schafft. Raum für nichts außer für Raum, Luft und Freiheit. Ein entrümpeltes Leben, das auf dieser neuen und freiwilligen Einfachheit basiert, macht stressfreier und glücklicher. Es ist schon klar: Um in die Verlegenheit des Entrümpelns zu kommen, muss man zuvor zu viel gehabt und weit genug weg von Armut gelebt haben. Also hat der, wer entrümpelt, im Grunde ein Luxusproblem, und es meldet sich leicht das schlechte Gewissen, wenn ich entsorge, was andere nicht haben, aber brauchen könnten. Die betont materialistische Lebensweise und der teils irrwitzige Wachstumswahn in unserer Ersten Welt sind problematisch, die himmelschreiend ungerechte Ressourcenverteilung mit der auseinanderklaffenden Schere zwischen Arm und Reich ist beschämend, und unsere Erde hält den gnadenlosen Raubbau nicht ewig aus. Ich zähle, ob ich will oder nicht, zu jener Generation, der später einmal zu Recht vorgeworfen werden wird, dass sie die Erde mit sinnloser Konsumgier brutalst und ohne hinreichende Verantwortung für die nachfolgenden Generationen ausgebeutet hat. Hinnehmen oder etwas dagegen tun? Mitlaufen oder einen eigenen Weg gehen? Sich einlullen lassen oder aufbegehren?

Ich will Geld und Besitz im heutigen Licht betrachtet gar nicht schlechtreden und den Moralapostel spielen. Ich hab's in meinem Leben ja mit und (gezwungenermaßen) ohne allem probiert: Mit ist's eindeutig besser. Dauernd verzichten, um moralisch vor sich selbst und vor der Welt in Gefahr besser dazustehen, aber dafür ausgezehrt, ungepflegt und chronisch schlecht gelaunt zu sein, ist für mich keine erstrebenswerte Lebenseinstellung. Verzicht sollte mit dem Gefühl von Erleichterung zu Erfüllung führen, sollte einen Wohlfühleffekt auslösen. Dann macht Verzicht Sinn und wirkt überzeugend. Ich reflektiere den eigenen Konsum heute bewusster und versuche, nachhaltiger zu leben. Dabei motiviert mich nicht nur *Janosch (*1931),* der meisterhafte Geschichtenerzähler und Illustrator, mit seiner Aussage *Wer fast nichts braucht, hat alles,* sondern auch der deutsche Wachstumskritiker *Niko Paech (*1960),* wenn er schreibt: *Souverän ist nicht, wer viel hat, sondern wer wenig braucht.* Das, was ich konsumiere, sollte möglichst viel Fair Trade und Bio und möglichst wenig Einwegverpackung und Plastik sein.

Es geht mir heute auch mehr um ein gesundes Gleichgewicht zwischen den beiden Extremen Haben und Sein. Beide sollten sich gut ergänzen und in Balance zueinander stehen. Unser materialistischer Anteil ist nicht grundsätzlich schlecht. Vor allem dann, wenn er erkennbar dem Bestreben dient, gut für sich zu sorgen, nach den schönen Dingen im Leben Ausschau zu halten und diese auch zu genießen. Auch genau hinzuschauen und zu überlegen, was einem wichtig ist. Dann macht Haben Sinn und ist auch moralisch gut zu rechtfertigen, vorausgesetzt natürlich, man lässt sich nicht von Gier und Unersättlichkeit leiten oder benötigt Gegenstände in letzter Konsequenz nur, um sich sozial aufzuwerten und gesellschaftlich besser dazustehen als andere. Da ist wiederkehrend und achtsam drauf zu schauen, bei Bedarf anzuhalten, oder sind auch früher getroffene Entscheidungen zu korrigieren. Denn die kleinen und großen Verführer um uns herum lauern überall, und die Veranlagung in uns ruft unaufhaltsam.

Eine ausbalancierte und nachhaltig wirkende Antwort auf die Sinnfrage schenkt natürlich auch ein Blick auf andere Menschen, auf die Mitwelt generell. Dabei findet sich sinnstiftendes Sein im Teilen, im Schenken, im Zuwenden. Zu merken, dass mein Tun nützlich ist und Leben fördert, hinterlässt Spuren von innerer Erfüllung und verschenkt echte Dankbarkeit. Jedenfalls unterstützen meine gefühlt gezählten Tage das Bestreben, mein Leben im Schoße freiwilliger Einfachheit auf der Seinsebene zu optimieren. Aufrichtigkeit, Empathie, Wissen und Beziehung sind Kategorien, die ich dabei gerne – und ausgewogen zwischen den Leitplanken Moral und Vernunft – in den Mittelpunkt meines Denkens und Handelns rücke.

Musikempfehlung

Gustav Mahler (1860–1911)
Sinfonie Nr. 5, 2. Satz Adagietto
Mein Referenzinterpret: Simón Bolívar Symphony Orchestra unter Gustavo Dudamel

Früher

Früher wusste ich,
worauf ich Hunger hatte:
die spürbaren, messbaren Dinge,
das Streicheln, das Ermuntern,
die Lösungen, die berechenbaren Muster,
das andere gleichschlagende Herz.
Ich habe mich zurückgenommen,
schicke immer mehr der alten Antworten fort
und bleibe jetzt
bei dem Appetit
auf den Hunger,
in dem sich das Licht versteckt.

VOM WERT DER ARBEIT

In meiner Kindheit träumte ich davon, später, wenn ich einmal groß bin, einen bedeutsamen Job zu haben. Als „Bergdoktor" wollte ich kranken Menschen auf entlegenen Bauernhöfen helfen, sie trotz Wind und Wetter, Schnee und Sturm erreichen und ihnen lebensrettende Medizin bringen. Ein vierradgetriebener Range Rover war in meiner Fantasie das fahrbare Mittel zum Zweck für diese sinnvolle Tätigkeit, die mir auch einen anerkannten Stand in der Gesellschaft sichern sollte. Erfahrungsgemäß kam es dann – zumindest äußerlich – sehr viel anders als gedacht. Bei genauerem Betrachten gehört mein später gewählter Beruf eines Buchhändlers jedoch ebenso zur Kategorie der helfenden Berufe – eine Buchhandlung mit Format ist eine Apotheke für die Seele. Insofern half mir meine Arbeit im übertragenen Sinn doch bei der Verwirklichung meines Kindheitstraums. In einer Buchhandlung zu arbeiten heißt, auf denkende Menschen zu treffen. Auf der einen Seite stehen die Schreiber, auf der anderen die Leser. Dazwischen der sortierende und vermittelnde Buchhändler. Er kann zufrieden und erfolgreich in seiner Tätigkeit sein, wenn er vielseitig interessiert, tolerant, menschenfreundlich, begeisterungsfähig und neugierig ist. Auch Geduld ist sehr von Nutzen, genauso wie ein wirtschaftlicher Sinn. Selbiger wird ihn vor allem dann vor drohender Pleite bewahren, wenn die poetischen Anlagen in seinem verträumten Denken ihm den realen Blick auf die Welt zu verstellen trachten. Langeweile kennt dieser Beruf nicht, weil es immer Neues gibt. Alles, was auf der Welt passiert und den Menschen berührt, wird irgendwie verschriftlicht. Der für die Öffentlichkeit bedeutsamere und haltbarere Teil davon wird in Büchern publiziert. Das ist der Stoff, aus dem des Buchhändlers Träume sind. Es sind bei mir wahr gewordene Träume als Beweis dafür, dass es möglich ist, ein Arbeitsleben lang ohne übergroße Müdigkeit oder tödliche Langeweile in der Welt des Buches beheimat zu bleiben und persönliches Wachstum zu generieren. Es sind – ich wiederhole mich – meine eigenen Erfahrungen, die sich nicht automatisch auf die nächste Generation übertragen lassen, weil der Markt sich ändert und die Arbeitsbedingungen auch. Aber das ist eine andere Geschichte.

Eine sinnstiftende Arbeit zu haben und zu halten, die über wirtschaftliches Überleben hinausgeht, ist schon ein Segen. Gutes Leben hat mit guter Arbeit zu tun. In Zeiten besonderer Herausforderungen wird der Wert einer guten Arbeit noch einmal deutlicher. Arbeit muss nicht Lohnarbeit sein. Der Begriff Arbeit steht für Beschäftigung generell, für Tun statt Lassen, für Anpacken statt Abwarten, für Sichzutrauen statt Sichnichtgetrauen, für ein über Sichhinauswachsen statt Untersichbegraben.

Im Falle einer langen und schweren Erkrankung wird der Patient zunächst aus der Arbeitswelt herausgerissen und droht dadurch, in das Gefühl der Nutzlosigkeit abzudriften. Doch gerade dann wäre Arbeit mitunter ein gutes Mittel gegen das Verharren im Modus des Krankenstandes, den unser Sozialsystem zwar noblerweise garantiert, fragt sich in manchen Fällen allerdings, wofür.

Denn Krankenstand kann zu einer Art Komfortzone werden, die verwöhnt statt versichert. Insofern liegt es auch in der Hand des Patienten, Sinn und Nutzen gesetzlicher Absicherung kritisch vor dem Hintergrund individueller Befindlichkeit zu hinterfragen und dann zu widerrufen, wenn er merkt, dass eine Wiederaufnahme der Arbeit der eigenen Patientenpsyche guttun würde. Nach dem Motto: heraus aus der Lähmung Krankheit und hinein ins Vergnügen Arbeit. Das ist rein mentale Ansichtssache des Geistes, der unserer Schwachheit aufhelfen will. Gut und notwendig im Sinne von Notwendend, wenn sich nach einer gewissen Zeit beruflicher Abstinenz wieder der Drang zur Arbeit regt, wenn neue Lust aufkommt anzupacken und so Abwechslung, Struktur und Sinn in seinen Alltag zu bringen. Sinnvolle Arbeit ist eine sehr gute Medizin gegen Alltagsfrust, Selbstaufgabe, Selbstwertverlust, Versagensängste, Zukunftssorgen, gegen all diese Teufelchen, die scheinbar nichts Besseres zu tun haben, als an unserer Lebensfreude zu knabbern. Kranksein ist eine erzwungene Form von ungewolltem Ruhestand. Arbeit hingegen macht daraus eine selbst gewählte Form von gewolltem Unruhestand. Sie dient der Genesung, fördert die Lebendigkeit. Es ist besser, sich der Arbeit als der Krankheit unterzuordnen. Arbeit und Lohnknechtschaft werden allzu oft als fatales Beziehungspaar beschrieben. Dieses löst sich automatisch auf, wenn Arbeit als Abwechslung, als mentaler Austritt aus der Therapieschleife ersehnt wird. Dann fehlt im günstigen Falle nur noch, dass die Arbeit obendrein Spaß macht, weil sie sich mit den persönlichen Interessen deckt. Und noch einen Satz zum therapeutischen Wert von Arbeit: In Zeiten von energieraubender Krankheit kann gerade Arbeit eine Docking-Station zum Aufladen der körpereigenen Kräfte sein.

Mir geht es mit meiner Arbeit in Teilzeit wirklich gut. Mein Arbeitgeber hat mir zugestanden, aus meinem früheren Beruf

Teile herauszunehmen und fortzuführen, die mehr meiner Berufung und ganz meiner Kondition entsprechen. Interessante Autorenbegegnungen organisieren und ausgewählte Konferenzen moderieren. Tätigkeiten, bei denen ich Stärken schärfen und Selbstmotivation kultivieren kann. Arbeit bedeutet für mich zugleich Ablenkung von den Mühen der Krankheit, Konzentration auf neue Themen, Vernachlässigung bedeutungsvoller Bedeutungslosigkeiten, Abschied von ehemals verzehrenden beruflichen Extremen, mehr Achtsamkeit am Arbeitsplatz. So passen bei mir mittlerweile Arbeit und Krankheit ganz gut zusammen, und ich kann nur wünschen, es möge dies auch möglichst vielen gelingen, die in vergleichbaren Situationen sind. Das dürften nicht wenige sein.

Musikempfehlung

Sergei Prokofjew (1891–1953)
Sinfonie Nr. 1 in D-Dur op. 25 „Symphonie classique"
2. Satz Larghetto
Mein Referenzinterpret: Danmarks Radio Symfoni Orkestret unter Thomas Søndergård

Arbeiten und beten

Eine Tür so schreinern, als betete man,
so im Garten arbeiten, als betete man,
eine Operation so vornehmen, als betete man.

So beten,
als schreinerte man eine Tür,
als legte man einen Garten an,
als machte man einen chirurgischen Eingriff.

Und am Ende wissen,
dass unsere Tätigkeiten
nicht die Handlungen unseres Körpers sind
und dass unser Beten
nichts mit Worten zu tun hat.

VON DER WILLENSKRAFT

Es war einmal ein Junge, er war der Zweitgeborene einer großen Familie. Der Vater war schon seit Jahren arbeitslos. Weil er die Miete oft nicht bezahlen konnte, musste die Familie von Dorf zu Dorf ziehen und schauen, wo ihr ein großherziger Hausbesitzer Unterschlupf auf Zeit gewährte. So kam es, dass die Familie wieder einmal räumen musste, weil Ostern vor der Tür stand und die Ferienwohnung, die der Familie außerhalb der Touristensaison zur Verfügung stand, längst schon vorgebucht war für Skifahrer, die der grauen Großstadt entfliehen und noch einmal über sonniges Winterweiß wedeln wollten, bevor der Frühling kam. Die Hausbesitzerin fand, dass sie die Familie schon lange genug kostenlos untergebracht hatte. Außerdem wollte sie auch ihre treuen Stammgäste nicht vergraulen. So bestand sie auf der Räumung, und alles zähe und bis jetzt meist erfolgreiche Verhandeln des Vaters nutzte nichts. Bis übermorgen, Samstag vor Palmsonntag, hatte die Wohnung frei zu sein.

Über die Familie legte sich wieder einmal eine dunkle Wolke existenzieller Ohnmacht, der Vater saß mit leerem Blick am Tisch, den Kopf zwischen beide Hände aufgestützt und die Worte stammelnd: „Jetzt weiß ich tatsächlich nicht mehr weiter. Ich bin verzweifelt. Es hat alles keinen Sinn mehr." Die Mutter griff nach dem Rosenkranz und begann – flehentlich Augen und Hände zum Himmel gerichtet – zu beten. Sie tat dies öfter in solchen Situationen, um ihnen die unmittelbare Dramatik zu nehmen und den Moment erträglicher zu machen. Danach zogen sich alle schweigend zurück. Auch der Junge legte sich mit Angsttränen in den Augen und Panikschweißperlen auf der Stirn ins Bett und schlug die Decke über sich. Sein Atem schien zeitweise stillzustehen, die Füße waren starr vor innerer Kälte. Sein Herz übernahm in diesem entscheidenden Moment und pumpte allen verfügbaren Restsauerstoff über die Blutbahnen in sein Gehirn voll grauer Gedanken und gruseliger Gefühle. Im geschützten Dunkel unter der Decke begann aber eine Trotzhaltung zu wachsen, eine unbändige Willenskraft, ein letztes Aufbäumen gegen das Unausweichliche, gegen die wiederholte Obdachlosigkeit, gegen die Zerschlagung der Familie, gegen den erneuten öffentlichen Hohn. Unvermittelt stand er auf, schlich sich – wie von Geisterhand getrieben – aus dem Haus und ging mit einem konkreten Plan und einem unumstößlichen Ziel mutigen Schrittes der Staatsstraße entlang ins nächste Dorf, dort die Hausbesitzerin suchend, deren Adresse er gar nicht genau kannte. Aber er fragte sich – obwohl sonst sehr schüchtern – mit der existenziellen Not im Nacken durch. An den Verlauf des „Verhandlungsgesprächs" zum Verbleib seiner Familie in der Ferienwohnung kann sich der Junge nicht mehr genau erinnern. Er kam aber heim mit der Erfolgsmeldung: Wir dürfen noch bleiben! Innerlich entleert, so als hätte er seine ganze Lebensenergie hingegeben, aber unbeschreiblich glücklich legte sich der Junge zurück ins Bett, noch einmal mit Tränen in den Augen. Diesmal waren es Freudentränen. Und er hatte etwas für sein Leben gelernt: Wenn du etwas mit deiner ganzen Willenskraft erreichen willst, wirst du einen Weg finden, und es wird dir gelingen! Irgendwie.

Dieser Junge, von dem hier die Rede war, bin ich. Und die Geschichte hat sich so zugetragen!

Der Lebensmut und der Überlebenswille sind – so meine feste Überzeugung – in uns Menschen grundgelegte Kräfte. Wir können sie verkümmern lassen oder kultivieren. Das Leben bietet uns wiederholt Möglichkeiten dazu, fordert uns zwischendurch auch beinhart heraus. Meine ungewollt frühe Auseinandersetzung mit manchen ausweglos erscheinenden Grenzsituationen haben auch mir die Entscheidung abverlangt, will ich mich schleichen oder stellen? Muss ich an Problemen zerbrechen, oder will ich nach Chancen suchen? Kann ich an Herausforderungen wachsen, oder darf ich scheitern? Die Summe aus Erfahrenem und Erlebtem zeigte mir im Laufe der Jahre die Macht der eigenen Willenskraft in vielen Farben und Schattierungen. Eine Welt voller Möglichkeiten im Rahmen der vielen Grenzen. Eine Kraft, die aus mir einen ausgewiesenen Chancendenker formte, die Zweifel zwar zuließ, aber Verzweiflung verhinderte. Die das Risiko erhöhte, mit dem Kopf durch die Wand zu wollen, aber auch die Demut nährte, dass in letzter Konsequenz auch diese Kraft endlich ist. Eine Kraft, die bislang kräftig, aber nicht krankhaft kämpferisch war. Heute kommt mir diese Stärke im Umgang mit meiner Krankheit auch wieder sehr zugute, und ich kann sie jedem nur wünschen, der sich Grenzerfahrungen stellen muss. Egal, ob sie gesundheitlichen, wirtschaftlichen oder sozialen Ursprungs sind.

So wünsche ich mir weiteren Erhalt, wenn nicht gar Wachstum meiner eigenen Willenskraft, mutig das Unausweichliche durchzustehen und jeden Tag bis dahin positiv anzugehen. Inklusive ein bisschen Jammern zwischendurch. Das erleichtert manchmal den kritischen Moment.

Musikempfehlung

Max Bruch (1838–1920)
Kol Nidrei op. 47 für Orchester und Violoncello
Meine Referenzinterpreten: Daniel Müller Schott, Violoncello, und das NDR-Sinfonieorchester unter Christoph Eschenbach

Es geht weiter

Wenn du deine Hände voll Verzweiflung
in die Luft streckst
und im Begriff bist aufzugeben,
geht es weiter: ohne ersichtlichen Grund.

Wenn die letzten Worte gesagt sind und du weißt,
dass du den Weg zurück zugeschüttet hast
und alles unumkehrbar geworden ist,
selbst dann geht es weiter: sogar mit dir.

Wenn das Geld nicht reicht
und das Haus deines Lebens unbezahlbar wird,
wenn niemand mehr etwas sagt
und das Schweigen wie ein fahler Geist umgeht:
auch dann geht es – überraschenderweise – weiter.

Wenn dein Herz ein Bunker ist
der von deinen Freunden bombardiert wird,
wenn dein Mut wie ein Zugvogel ist
und der Frühling als Jahreszeit gestrichen wird:
Dann könnte es erst richtig losgehen.

Das Ende ist immer nur ein getarnter Anfang.
Sieh die Schmerzen als begleitende Fanfaren,
das herausgepresste Stöhnen als Lied
und die Einsamkeit als Vorbereitung für eine Nähe,
die du noch nie erlebt hast.

VON DER ALLTÄGLICHKEIT DES ALLTAGS

Die großen Herausforderungen des Lebens packen wir mit links. Es ist der Alltag, der uns fertigmacht. Das soll einmal der russische Komponist *Modest Mussorgski (1839–1881)* sinngemäß gesagt haben. Wenn ich meinen Lebenslauf im Lichte dieser Behauptung anschaue, dann kann ich zustimmend nicken. Und sehr wahrscheinlich nicht nur ich. Offensichtlich entwickeln wir in schwierigen Situationen neue Kräfte, fokussieren wir alle verfügbare Energie auf ein Thema, relativieren wir die kleinen Störungen des Alltags. Und es kommt die Aufmerksamkeit von außen dazu, die Anteilnahme, die Energie, die Hoffnungen und die Wünsche. Wir spüren das tragende Netz der Menschen, die uns nahestehen. Insofern ist eine kritische Zeit auch eine besondere Zeit mit besonderer Qualität.

Wenn die Ausnahmesituation aber zur neuen Norm wird und der Alltag sich auf diesem Niveau festbeißt, kann es gefährlich werden. Auch mir wird es mit der Zeit zu wenig und zu einseitig, mein Leben nur an Infusionen, Übelkeiten, Schwindel, Knochenschmerzen, verätzten Schleimhäuten oder brennenden Fußsohlen und Fingerspitzen auszurichten. Ich muss heraus aus dieser Schleife, sehne mich nach der Routine von früher. Ich will wieder ganz normal Ehemann, Vater, Opa, Bruder, Freund, was auch immer sein und möglichst viel Alltag haben. Stinknormalen Alltag. Auch meinen Beruf will ich noch bestmöglich ausüben, schließlich hat er meinem Leben Bedeutung verliehen. Und die Zeit will ich nutzen, will ich intensiv, achtsam, bewusst und autonom gestalten. Es ist schon etwas Besonderes zu erleben, welche unterschiedlichen Wirkungen Ausnahmesituationen haben. Eine davon ist eben diese neue Sehnsucht nach Alltag. Je normaler es zugeht, je weniger oft die Krankheit und ihre Bedrohungen Thema sind, je seltener der Mitleidsfaktor Mimik und Gestik im Gegenüber beeinflusst, umso größer das allgemeine Wohlbefinden. Und zwar für beide Seiten, für den Patienten wie für seinen Gesprächspartner. Auch Angehörige packen keinen atemlosen Dauerstress, sondern müssen einen Weg des Umgangs finden. Hier tun beide Seiten gut daran, sich zu ergänzen und zu unterstützen.

Der Tod verändert das Leben innerhalb einer Familie, wenn er beim Fenster hereinschaut. Er ist mit der Zeit liiert und wartet darauf, schon zu Lebzeiten akzeptiert zu werden. Dafür stellt er in Aussicht, Angst zu nehmen, Gelassenheit zu schenken und den so erlebten Notstand in den Alltag zu integrieren und zu normalisieren. Ich schätze, dass eine schwere Krankheit für die Angehörigen genauso herausfordernd ist wie für den Patienten. Ohnmacht, Verlustängste, emotionale Anspannung, Pflegebedarf, eine Summe an Herausforderungen, die eine Krisensituation erschwerend belasten. Ich selbst weiß nicht, auf welcher Seite ich lieber stünde, hätte ich die Wahl. Jedenfalls habe ich höchsten Respekt und empfinde ich tiefste Dankbarkeit gegenüber meiner lieben Frau, meiner Familie, meinen Geschwistern und meinen Freunden für ihre so besondere Liebe und Zuwendung. Sie halten mein Leben unter diesen erschwerten Bedingungen lebenswert und geben ihm Würde. Und zwar nicht nur für eine Woche oder einen Monat, sondern mittlerweile über Jahre. Was für ein Geschenk, das verbindet und dem Alltag Farbe gibt!

In einem Seminar über Verkaufspsychologie wurde ich vor Jahren einmal mit der *So-tun-als-ob-Methode* bekannt gemacht. Sie basiert auf einem mentalen Trick, mithilfe dessen man seine Emotionen steuern und negative Empfindungen neutralisieren oder gar in eine positive Stimmung verwandeln kann. Über Imagination lässt sich auf die aktuelle Gemütslage Einfluss nehmen. Ich tue dann so, als ob es mir gut ginge, so als ob ich gut drauf wäre, so als ob ich gesund wäre. Die Gehirnforschung bestätigt die Wirkung dieser Methode. Sie hilft, durch wiederholte Gedankenübungen neue Synapsen im Gehirn zu bilden, welche in der Folge eine veränderte – man kann sagen manipulierte – Sicht auf die Dinge zur Folge hat. In welche Richtung die Gedanken gesteuert werden, bleibt also dem Denken ihrer Besitzer überlassen. Es ist dies nicht eine Form von Verdrängung oder Verleugnung der Realität, wohl aber eine Möglichkeit, auf Zuversicht zu setzen und der Angst und Bedrückung die ihr eigene negative Macht zu nehmen. Eine optimistische Grundhaltung hilft zweifelsfrei, besser zu leben und den Heilungsprozess günstig zu beeinflussen. Alles, was der Erhaltung des Lebens dient, stärkt die Lebenskraft, die jeder lebendige Organismus besitzt. Genauso wie umgekehrt alles, was an der Lebenslust zehrt, die Heilungskräfte beeinträchtigt. Von Natur aus positiv gepolte Charaktere werden sich also leichter tun. Die notorischen Schwarzseher haben ein größeres Betätigungsfeld in der Anwendung dieser Methode, werden ihre Wirkung aber umso deutlicher spüren, wenn sie sich darauf einlassen. Ich bin – auch durch den Austausch innerhalb von Schicksalsgenossen – wiederholt Menschen in vivo wie in

Büchern und Zeitungsartikeln begegnet, die ihre schwierige Situation angenommen haben und einen beeindruckenden Weg in einen neuen Alltag mit Vorbildcharakter gegangen sind. An ihnen will ich mich orientieren.

Es bleibt klar: Die Umstände des Lebens liegen nicht in unserer Hand, ich weiß. Aber wir können gestaltend eingreifen und aus den Umständen etwas machen. Ein eindrücklicher Beweis von der Macht der Gedanken im Alltag unseres Lebens!

Musikempfehlung

Frédéric Chopin (1810–1849)
Walzer in a-Moll op. posth.
bearbeitet für 2 Gitarren
Mein Referenzinterpret: Kupinski Guitar Duo

Licht aus den Wolken

Der Wind hat sich zur Ruhe begeben.
Die Luft bleibt, wo sie ist,
erwärmt sich und dich mit ihr.
Auf dem Meer entsteht Licht,
es fällt aus allen Wolken,
um dich anzusprechen.
Es erklärt dir deine Sanftmut,
erleuchtet deine Zartheit,
erinnert dich an deine Zuwendung.
Du hattest vergessen, dass du liebst:
mit vorsichtiger Echtheit,
in dem langen Kleid deiner Seele.
Das meiste an dir ist so,
ist ein Fluss, eine Welle,
ein Hauch von Licht.

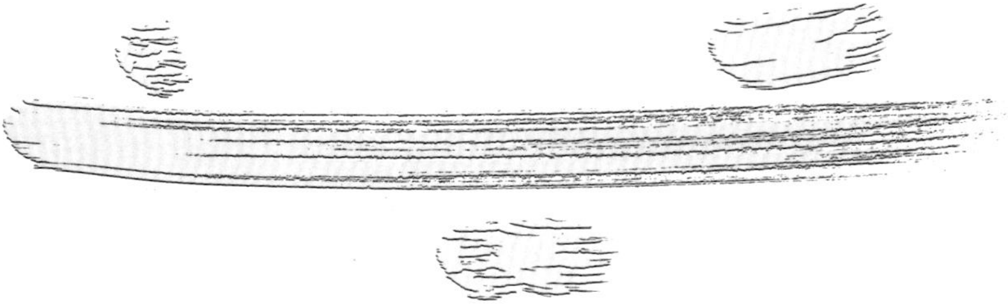

GLAUBENSSÄTZE UND REDENSARTEN – SEGEN UND FLUCH

Sei du die Veränderung, die du dir wünschst für diese Welt (Mahatma Gandhi, 1869–1948). Bernadette sitzt neben mir und atmet beim Lesen dieses Spruchs tief durch. *Es ist alles so einfach gesagt!,* meint sie.

Kluge Gedanken von klugen Menschen erinnern, ermahnen, ermutigen. Sie bringen auf den Punkt, spornen an, fordern heraus. Überfordern sie mitunter auch?

Ich persönlich hab's auch mit Sprüchen. Ich mag kristallklare Worte, reine in Buchstaben gegossene Gedanken, verlässlich über Generationen weitergegebene Glaubenssätze. Ich finde sie im Büro auf dem Schreibtisch, daheim in Büchern hinter der Couch, auf immerwährenden Kalendern an der Wand, als Klolektüre am stillen Örtchen. Und ich schreibe mir welche, die mich berühren, auf. Glaubenssätze dienten immer schon meiner Orientierung, waren mir Leitplanken, gaben mir Richtung. Die Frage, ob sie in die richtige Richtung wiesen, stellte ich mir zwar auch, jedoch zu oft zu spät. Und so musste ich erkennen, dass

Gutgemeintes und -gesagtes sich nicht selten auch als das Gegenteil von Gut entpuppten. Nicht, weil es per se schlecht war, nein! Es lag an der falschen Veröffentlichung zur falschen Zeit, es lag an meiner Auslegung, an meinem Verständnis, an meiner schwachen Transferleistung. Ein typischer Fall von selektiver Wahrnehmung. Zudem hatten ja auch Eltern, Erzieher, Lehrer, Ausbildner, Referenten, Autoren, lauter respektvolle Persönlichkeiten da und dort gewaltigen Einfluss auf mich genommen, indem sie zu passenden Momenten ihre passenden Sprüche aus Bibel und Co. parat hielten, mit einem Satz die Welt erklärten und die Richtung vorgaben. Vermeintlich. Was ihnen zweifelsfrei gelungen ist: Manche Glaubenssätze haben sich dermaßen verankert in meinem Unterbewusstsein, dass sie omnipräsent und leider weit über eine situative Anwendung hinaus wirksam wurden und bleiben.

Hier nun ein paar Beispiele, wie ich mit falsch verstandenen Glaubenssätzen in die Irre gelaufen bin, wie ich sie früher verstanden hab' und wie meine Lesart heute lautet:

Liebe deinen Nächsten wie dich selbst.
Ja, einverstanden, auch heute noch. Aber mein Schwerpunkt ist ein anderer geworden. Ich habe mir von dieser Bibelstelle zu lange nur den ersten Teil gemerkt, und also war mein Selbstbild durch ein Trugbild verzerrt und konnte sich nicht gesund entwickeln. Gott – so wurde mir auch von außen eingetrichtert – würde es mir schon lohnen. Tat er vielleicht auch, aber wollte er nicht auch die Kultivierung des zweiten Satzteils? Eine gesunde Balance zwischen Selbst- und Fremdliebe? Etwa gar zuerst das Annehmen des eigenen Ich, um daraus dann die nötige Kraft zu schöpfen, um sich zum Du hin zu öffnen und aus vollem Herzen geben zu können? Lieben zu können?

Dieser Satz aus der Bibel steht für mich heute für das von außen implementierte schlechte Gewissen. Mit teils fatalen Folgen aus ständiger Überforderung, jahrelanger Selbstausbeutung, falsch verstandener Selbstliebe. Das hab' ich nun kapiert. Irgendwie und vor allem, wenn ich den ganzen Satz aus der Bibel zitiere und dann zu verstehen versuche. Es heißt nämlich bei *Markus 12, 31: Liebe deinen Nächsten wie dich selbst, denn ich bin Gott!* Wenn also Gott als Dritter im Bunde ins Spiel kommt, dann entsteht eine Gemeinschaft, in der die Liebe Gottes wirkt. Sie stellt uns alle auf dieselbe Ebene, sie lässt uns als beide in gleichem Maße gottgewollt in unserer ganzen Einmaligkeit bestehen und auf Augenhöhe begegnen. Das zu empfinden, ist ein Moment der Gnade.

Du bist zeitlebens für das verantwortlich, was du dir vertraut gemacht hast.

Auch so ein wunderschöner, viele Herzensmenschen anrührender Gedanke aus *Der kleine Prinz* von *Antoine de Saint-Exupéry (1900–1944)* mit einem allerdings heftigen Programm dahinter. Wenn der Autor einseitig verstanden wird. So wie von mir. Vertraut gemacht hatte ich mir meine Eltern, meine Geschwister, meine erste Liebe! Für sie sollte ich nun *zeitlebens* verantwortlich sein? Egal was kommen mag? Verantwortlich sein war für mich gleichbedeutend mit bedingungslos und immer da sein, eine Ansage wie ein Ehegelübde, an hellen wie dunklen Tagen. Ich verstand lange nicht, dass verantwortlich sein auch loslösen und loslassen bedeutet, dass Verantwortung genauso den Lebensgesetzen der Veränderung und der Entwicklung folgt.

Es kommt stets anders, als man denkt.

(*Wilhelm Busch, 1832–1908,* zugerechnet)

Eine Redensart mit einer an sich guten Botschaft, die der Flexibilität und Anpassungsfähigkeit das Wort redet. Und die eine

Herausforderung für Menschen mit zwanghaften Anteilen ist. Was mir heutzutage oftmals fehlt, ist das Denken an sich, die Qualität und der Tiefgang der zirkulierenden Gedanken. Daher würde ich diesen Satz heute gerne umschreiben in eine konkrete Aufforderung und damit auch inhaltlich modulieren:
Es kommt stets anders, WENN man denkt! Denn, und damit bin ich bei *Friedrich Dürrenmatts (1921–1990) Was wir denken, hat seine Folgen*. Mit meinen Gedanken kann ich enorm viel beeinflussen, gerade auch im Umgang mit einer schweren Krankheit und grundsätzlich unabhängig davon, ob ich Patient oder Angehöriger bin. Aus der TZI-Theorie (siehe dazu Kapitel „Störungen nehmen sich Vorrang", S. 59 ff.) lässt sich dazu das Prinzip der Teilmächtigkeit anwenden. Sie liegt – wie Ruth Cohn sagt, zwischen *Ohnmacht* (= ich gehe zugrunde) und *Allmacht* (= ich bin unverwundbar). Die *Teilmächtigkeit* erhält mich in vielen Lebenslagen denk- und handlungsfähig. Sie gibt mir einen Schlüssel zur Mitbestimmung in die Hand und die Kraft, meine Gedanken dorthin zu steuern, wohin ich will. Niemand hat unmittelbaren Zugriff darauf außer ich. Ich entscheide, aus welchem Blickwinkel heraus ich mein Schicksal betrachte, bewerte, beeinflusse. Wenn ich mich auf die Seite der Hoffnung und Zuversicht schlage, bleibe ich aktionsfähig, entkomme ich der letzten Verzweiflung, erhalte ich mir meine innere Autonomie. Das hat etwas mit Selbstachtung und Selbstverantwortung zu tun.

Die Binsenweisheit ***Erst die Arbeit, dann das Vergnügen*** möchte ich heutzutage ganz aus meinem Denken streichen. Sie ist für mich hochgradig wertend und hemmt die Lebensfreude. Sie operiert mit erhobenem Zeigefinger und ermöglicht – zumindest in meiner Lebenswirklichkeit – eigentlich nie reueloses Vergnügen, da Arbeit und Verpflichtungen nie ausgehen. Das vermutlich schlimmste Arbeitsumfeld für Menschen mit diesem Glaubenssatz im Nacken dürfte der ganz normale Haushalt sein. Er ist das Synonym für das sprichwörtliche Fass ohne Boden. Eine Überlebensstrategie in dieser unendlichen Geschichte ist die Fähigkeit, zwischendurch und bewusst dem Vergnügen den Vorrang zu geben, damit danach dieses kleine bisschen Haushalt ☺ wieder leichter von den Händen geht.

Rede nur, wenn man dich fragt!
Noch so eine prägende Redensart, die mir scheinbar in die Wiege gelegt wurde. Das Positive daran ist sicher die Ansage gegen das allgemeine Geschwätz und für das Zuhören und Denken vor dem Reden. Auch die biologisch korrekte Anwendung der beiden Sinne Hören und Sprechen. Wir haben ja bekanntlich zwei Ohren, um zu hören, und nur einen Mund, um zu sprechen. Dieses Verhältnis 2 : 1 wäre eine bombige Steilvorlage für einen gelingenden Kommunikationsstil. Da darf auch ich mir gerne zwischendurch an die Nase fassen.
Was ich gut fand, war einmal ein Schlussgedanke des großen Psychotherapeuten und Autors *Wilhard Becker (1927–2017)* am Ende eines Seminars. Er entließ die Teilnehmenden mit dem von *Paul Claudel (1868–1955)* erweiterten Glaubenssatz: *Rede nur, wenn man dich fragt. Lebe aber so, dass man dich fragt!* Dem ist von meiner Seite aus nichts hinzuzufügen.

Einen für mich rundum treffenden Aphorismus erwähne ich noch am Ende dieses Kapitels. ***Schwer ist, die rechte Mitte zu treffen. Das Herz zu härten für das Leben, es weich zu halten für das Lieben*** *(Jeremias Gotthelf 1797–1854).* Ich habe ihn während meiner Fachschulzeit in Frankfurt aus irgendeiner Zeitschrift herausgeschnitten und an die Wand gepinnt. Ich finde diesen Leitgedanken in mehrfacher Hinsicht treffend.

Die Schwere besagt mir, dass die Suche nach der Mitte nicht von alleine geht. Und sie weist darauf hin, dass die eigene, die rechte Mitte flüchtig bleibt und ähnlich einem Trapezkünstler im Zirkus immer wieder neu ausgelotet werden muss. Dadurch wird sie besonders kostbar. Schließlich liegt der Schatz der rechten Mitte irgendwo im Scheitel zwischen der notwendigen Härte des Entgegnens und dem Öffnen der eigenen Herzenstür, um wahrhaft Mensch zu werden.

Musikempfehlung

Iiro Rantala
Tears for Esbjörn
für Klavier solo
(in memoriam Esbjörn Svenson
und Franz Schubert nachempfunden)
Mein Referenzinterpret: Iiro Rantala, Klavier

Zu versagen

Zu versagen, befreit.
Es ist nicht mehr ratsam,
Wetten auf mich abzuschließen,
man könnte alles verspielen.
Wenn nichts mehr zu verlieren ist,
blitzt die Freiheit auf
an den abgewetzten Knöpfen meiner Jacke.
Ich bin König und Bettelmann.
Was ich nicht geschafft habe,
trage ich als kleine unscheinbare Medaillen.
In nichts war ich so gut
wie im Unvollständigsein.

SELBSTBEWUSST LEBEN UND STERBEN

Die alten Fragen stellen sich angesichts einer schlimmen Diagnose neu:

- Warum bin ich noch da?
- Wie will ich nun denken, glauben, leben?
- Und wie will ich dann sterben?

Wir haben uns innerhalb der Familie mit immerhin zwei Teenager-Kindern nach den ersten Wochen ab Erhalt der Diagnose die Details von Verlauf und Folgen der Krankheit erspart in dem Versuch, uns vor allzu großen Schmerzen zu schützen. Auf der einen Seite drängte es uns zu erfahren, wie verlaufen Krankheit und Therapie, wie lange könnte ich wohl noch leben und was würde in letzter Konsequenz den Tod herbeiführen. Im Internet ist heutzutage schnell recherchiert, und Mister Google zögert nicht, rasche, wenn auch oft ungenaue und im Grunde nur Angst machende Auskünfte zu erteilen. Dagegen haben wir uns gottlob von Anfang an entschieden. So kenne ich selbst bis heute nicht den Endverlauf meiner Krankheit, und ich will mich damit auch gar nicht beschäftigen, sondern einfach kommen lassen, was kommen mag. Ergeben zwar, aber damit ohne Horrorvorstellungen, die wohl zu nichts anderem führen würden, als mir angst und bange werden zu lassen. Denn das würde mir wahrlich den Rest geben bzw. mir den Rest eines weitgehend angstfreien Lebens nehmen.

Ich bin ja schon genug dem Schmerz und der Erniedrigung durch die Krankheit selbst ausgesetzt und hatte reichlich mentale Wunden zu lecken. Der schwere Blick nach vorne mit der Fantasie, was alles noch kommen werde, ging einher mit meiner großen Sorge um Verlust von Autonomie und Selbstbestimmung. Allein schon beim gesunden Älterwerden treten laufend kleine Lücken zutage. Bei einem Kranken geht das oft noch schneller. Jedoch: Zu betrauern, was alles nicht mehr geht, führt direkt in die Schwere, in die Depression. Daher ist es wichtig, früh genug und entschieden dagegen zu arbeiten. Vor allem mental. Denn sehr wahrscheinlich lassen sich auch trotz massiver Verluste mit etwas Fantasie und Reflexionsgabe verbliebene Fähigkeiten und Fertigkeiten finden, auf die zu konzentrieren und sich daran aufzurichten es sich lohnt. Also: Nicht beklagen, was alles nicht mehr geht, sondern kultivieren, was noch möglich ist und gelingen kann. Trotz alledem oder gerade deshalb! Und was früher vielleicht selbstverständlich glückte, gewinnt heute angesichts geringerer Konkurrenz an Möglichkeiten einen höheren Wert, eine neue Qualität. Achtsamkeit in Form bewusster Wahrnehmung ist beispielsweise eine Methode zum Bau solcher mentaler Hilfsbrücken. Hingegen: Es hat keinen Zweck, Aktivitäten hinterherzujammern, die ich nicht mehr ausüben kann, denn dadurch kommen sie ja auch nicht zurück. Es gehört zur Trauerarbeit, Verluste anzuschauen und sich die Süße und den Segen bisherigen gelungenen Lebens noch einmal auf der Zunge zergehen zu lassen. Und selbst herbe Erinnerungen können bei dieser mentalen Arbeit eine zärtliche Wehmut hervorrufen, als gehörte innere Freude nicht nur den guten Zeiten.

Die Diagnose einer lebensbedrohlichen Krankheit lenkt unweigerlich den Blick auf die eigene Endzeit und stellt die Frage nach dem persönlichen Umgang damit. Das ist ein großes Übungsfeld, auf dem irgendwo das Wesentliche liegt, das es zu ergründen gilt. Wer unheilbar krank ist, tut gut daran, sich mit dem langsamen, mit dem angekündigten Sterben zu beschäftigen. Er hat – in aller Regel – ja Zeit, sich damit auseinanderzusetzen, und in vielen Fällen die Möglichkeit, sich darauf vorzubereiten und möglichst geordnet Abschied zu nehmen. Auch noch einmal das eigene Leben im Rückspiegel zu betrachten, nach dem berühmten roten Faden zu suchen und Wendepunkte zu orten. Und, hat man das Glück eigener Kinder, diesen eine Vorstellung ihrer Wurzeln zu vermitteln. Auch wenn Abschied schwer sein mag, sterben ist nicht tragisch, höchstens traurig. Und diese emotionale Zeit bis dahin lässt sich doch mit wertvoller Biografiearbeit sinnstiftend füllen, die über die eigene Lebenszeit hinausweist. Sie gibt die Möglichkeit, den Fokus auf unverdientes Glück, auf kleine und große Wunder und auf prägende Begegnungen zu legen. So wird aus Schwere Leichtigkeit, aus Not Erkenntnis, aus Verzweiflung innerer Reichtum, der sich in Dankbarkeit verwandelt. Es kann in meiner Fantasie nur schön sein, sich in aller Ruhe von den Menschen zu verabschieden, die man mag, und diese mit zuversichtlichen Bildern auf ein Leben danach einzustimmen. Man kann in Zeit investieren und sich dabei in Gegenwart Vertrauter einen Reim auf das zu Ende gehende Leben zu machen. Ein plötzlicher Tod würde zwar einen langen und womöglich schmerzhaften Abschied überspringen, aber eine nagende Reue hinterlassen, dass so vieles ungesagt und ungeklärt zurückbliebe. Meinen Tod schon zu Lebzeiten zu akzeptieren, schenkt mir Gelassenheit und nimmt mir Angst. Bis dahin spüre ich allerdings noch eine Wegstrecke geistiger Arbeit.

Nach allem, was ich bislang zu den Grenzen des Lebens erfahren und erleben durfte, habe ich keine Angst mehr vor dem Sterben, keine Angst mehr vor dem Tod. Sterben stelle ich mir als einen befreienden Akt vor, der noch einmal meine Neugier aktiviert. Und der Tod selbst ist wahrscheinlich auch besser als sein Ruf. Zumindest für den, den er halbwegs menschlich umarmt und mitnimmt. Schwierig bleibt es für den, den er hinterlässt. Denn er trennt. Das Leben zweier Liebender, die Mutter vom Kind, den Großvater vom Enkel, egal, in welcher Konstellation Menschen zueinander stehen. Der Tod ist hart zum Hinterbliebenen, aber gnädig zum Sterbenden. Er interessiert sich nur für ihn. Aber was hat er ihm zu bieten? Ja, er erlöst von Schmerzen und Schuld, von Kälte und Not. Aber er nimmt doch auch! Nichts weniger als das Leben, um das sich der Mensch lebenslang bemüht hat, damit es schön und gut und wertvoll wäre.

Das Leben auf dieser Welt ist ein Durchgangsposten in der großartigen Bilanz des Universums. Es existiert etwas von uns vor unserer Geburt, und es bleibt etwas nach unserem Tod. Die Energie, mit der wir unser Leben hier in Gesundheit und Krankheit gestalten, wird auf ihre Weise Einfluss auf das Universum haben. Das gibt unserem Leben unabhängig von seiner Länge seinen ursprünglichen Sinn. Es endet, sobald es voll ist. Dann ist es voll-endet. Für den einen dauert es ein, für den anderen hundert Jahre. Mit dem rationalen Denken des Menschen lässt sich das nicht erklären, geschweige denn gutheißen. Genausowenig kann man den Sinn des Todes ergründen. Es mag einleuchten, dass es Vergänglichkeit auf dieser Welt braucht, damit wieder neues Leben entstehen kann. Das nimmt dem Hinterbliebenen jedoch nicht die Trauer, das Ringen um den Sinn des Verlustes.

Ich glaube, wir sollten unser Leben und Sterben mehr mit unserem Herzen anschauen. Dann könnten wir den Lauf der Dinge besser annehmen, weil unser Verstand um die Kategorien Demut, Selbstlosigkeit und Liebe erweitert würde.

Meine heutige Einstellung zum Leben und zum Sterben ist gewachsen und hat wohl etwas mit meinem in allen möglichen Hoffnungsfarben gemalten Bild vom Jenseits und vom Tod als letzten Akteur in meinem Leben zu tun. Ich bin also gespannt darauf, was Fiktion war und was dereinst Wirklichkeit werden wird. Großen Respekt mit entsprechender Sorge habe ich aber vor allzu heftigen Schmerzen und davor, dass ich sie gegenüber Ärzten, Pflegern oder Angehörigen im Ernstfall nicht mehr zu benennen vermag. Diese Angst kommt aus entsprechend durchlittener Grenzerfahrung und ist mir geblieben. Will mich etwa die ständige Anwesenheit von Schmerz heute schon vorbereiten auf einen schmerzvollen Abgang? Eine Frage, die mich wiederkehrend bedrückt.

Spätestens an dieser Stelle kommt die Frage nach der Selbstbestimmtheit im Leben und Sterben auf. Das eine ist, den Tod schon jetzt als Tatsache des Lebens zu akzeptieren. Unsere Gesellschaft und ihr Umgang mit dem unverrückbaren Naturgesetz der Vergänglichkeit möchte uns diese Realität verdrängen helfen. Der eigene Tod – ein unaussprechliches Wort, das einem die Kehle austrocknet und eine Mauer des Schweigens zwischen dem Sterbenden und seinen Angehörigen aufzieht. Nein, das möchte ich nicht, und dagegen will ich Stellung beziehen. Mit meiner Haltung und mit meinen Worten. Heute bin ich zwar noch ein Stück weit weg davon, meiner Sterblichkeit ins Gesicht zu lachen, aber ich übe!

Das andere ist, als kranker Mensch den Kränkungen des Unausweichlichen zu entkommen und ein Leben mit Wert, Würde und Sinn bis zum letzten Atemzug haben zu dürfen. Ich kann mir zwar wünschen, dass diese Qualitäten mir von außen, also von den Angehörigen, Ärzten, Pflegern geboten werden mögen, aber Garantie werde ich vorab keine bekommen. Also muss ich sie mir auch selbst früh genug in meinem Umfeld suchen und hoffen, sie bei achtsamer Betrachtung zu entdecken.

Zum aktuellen Zeitpunkt wehre ich mich mit aller Kraft, durch die eigene körperliche Schwäche anderen zur Last zu fallen und abhängig zu werden. Ich verbinde damit die Fantasie, dass eine mögliche Restdauer von trostlosem Ausgeliefertsein dadurch schon mathematisch betrachtet kürzer sein wird. Die Zeit des Sterbens stelle ich mir eben deshalb als nicht ganz sinnlos vor, weil ich mich eingebettet fühle in etwas Größeres und Ganzes: in die Familie, in die Gemeinschaft, auch in die Gesellschaft, in meinen Glauben an Gott. Sie alle zusammen wirken identitätsstiftend an den Grenzen des Lebens. Das mag den Übergang gut vorübergehen lassen.

Musikempfehlung

Henryk Gorecki (1933–2010)
Totus Tuus (For Pope John Paul II.)
Meine Referenzinterpreten: Robert Shaw Festival Singers

Bis ich merke

Es gibt Momente, da glaube ich,
der Tod könne mir nichts anhaben,
wenn ich mich tief genug
in mein Inneres zurückziehe,
in diese weite Landschaft der unsterblichen Seele,
ihren Wiesen, alten Bäumen
und tatkräftigen Engeln.
Wenn ich selbst das Leben werde.
Bis ich merke, dass der Tod
von dorther gekommen ist
und so innerlich ist wie der Kern in der Frucht,
auch wenn ich es nicht gemerkt habe.
Da schließe ich Freundschaft mit ihm,
zögernd, vorsichtig, ohne zu wissen,
auf was ich mich einlasse.

ÜBER SICH HINAUSWACHSEN

In TV-Talkshows, Rundfunksendungen und Zeitungsreportagen kommen wiederholt Menschen zu Wort, die aus ihrem Leben bzw. aus ihrer Lebenssituation etwas Besonderes gemacht haben. Etwas, das aus dem Rahmen fällt, auch etwas, das sie sich anfänglich selbst nicht zugetraut haben, in jedem Falle etwas, an das sie geglaubt haben. Und das sie dann mit Konsequenz und Ausdauer verfolgt und verfeinert haben. *Träume nicht dein Leben – lebe deinen Traum (Tommaso Campanella, 1568–1639)* ist neben ungezählten anderen Aphorismen so ein beliebter und verbreiteter Spruch des Tages und kann in Kombination mit *Wann, wenn nicht jetzt? (Primo Levi, 1919–1987)* und *Worauf wartest du? Du hast nur dieses eine Leben!* eine Schubkraft entfalten, die unsere Entwicklung in Richtung unserer Bestimmung befeuert. Am anderen Ende steht hingegen gerne als Bremse die Binsenweisheit *Schuster, bleib bei deinem Leisten.*

Ich orientiere mich gerne an Menschen, die konkret etwas tun, die ihr Leben in die Hand nehmen, ihren Traum leben wollen, ihre Talente beim Schopf packen und durch konsequente Ausdauer und unbeugsamen Fleiß außergewöhnliche Leistungen erbringen. Der Glaube an sich und an die unendlichen Möglichkeiten, die im eigenen Leben schlummern, sind die Basis dafür. *Geh hin, dein Glaube hat dir geholfen!* ist ein Ausspruch von Jesus, der über die Wundergeschichten im Neuen Testament mehrfach zitiert wird (z. B. *Lukas 17, 19*). So gibt es um uns herum viele besondere Menschen, Sportler, Künstler, Forscher, Erfinder, Abenteurer im hellen Scheinwerferlicht, aber auch den ökologischen Bergbauern im steilen Gelände, die Mutter eines schwer behinderten Kindes oder eine vom Traum für eine bessere Welt beseelte junge Entwicklungshelferin abseits der öffentlichen Wahrnehmung. Genauso wie Menschen, die mit einer unerwarteten Wende in ihrem Leben konfrontiert werden und vor einem Berg an Herausforderungen stehen, sich diesem aber stellen. Ohne langes Nachdenken fallen mir dabei Namen der Jetztzeit ein wie *Samuel Koch (* 1987)*, der seit einem dramatischen Unfall bei *Wetten, dass …?* an den Rollstuhl gefesselt ist und trotzdem eine Schauspielerkarriere beginnt. *Andy Holzer (* 1966)*, der als blinder Bergsteiger die großen Gipfel der Welt schafft und jetzt sogar zertifizierter Bergführer ist. Oder *Gela Allmann (* 1984)*, das noch junge und attraktive Sportmodel, welches nach einem missglückten Fotoshooting auf Island einen 800-m-Absturz (!) überlebt und einen total mutigen Neuanfang wagt. Zu solchen Persönlichkeiten schaue ich auf, von ihnen möchte ich lernen und daraus einen – zumindest bescheidenen – Transfer in die kleine Welt meines Lebens wagen. Und zwar auch heute noch – oder gerade heute, wo ein langes Stück Leben schon gelebt, wo viele Träume ausgeträumt und die Zukunftsperspektiven durch eine lebensbedrohliche Krankheit verstellt sind.

Was können sie mir sagen? Sie lassen mich in ihren Büchern erst mal Anteil nehmen an ihrem Schicksal und an ihrem Hadern damit. *Mein Gott, warum nimmst du mir ausgerechnet das, was mir im Leben am wichtigsten war, mich am meisten ausmachte?,* schreit etwa Samuel Koch wortlos in die schwarze Nacht seiner anfänglichen Verzweiflung auf der Intensivstation des Krankenhauses hinein. Dann zeigen sie mir, wie sie – aufgefangen in einem Netz wunderbarer menschlicher Begleiter – langsam, langsam ihre Wut in Mut verwandeln und daraus einen neuen mentalen Weg beschreiten, der sie nach und nach aus der depressiven Ausweglosigkeit herausführt. Und schließlich entwickeln sie – oder es entwickelt sich in ihnen – eine unbändige Kraft, die schlicht Leben heißt, die sich gegen das Aufgeben stemmt, für einen Neustart unter veränderten Vorzeichen. Sie haben es irgendwie geschafft, bei sich zu bleiben, statt außer sich zu geraten, sie haben auch in der schwersten Zeit einen Grund gefunden zu leben. Ihre Lebenslust wurde zu ihrer Lebenshaltung. Ich glaube schließlich, sie kamen mental an ihre inneren Kraftquellen heran. Und das war schon ihre halbe Rettung.

Mit solchen Bildern in meinem geistigen Rucksack stelle auch ich mich leichter den Unwirtlichkeiten meines Lebens. Sie helfen auch mir, meine eigenen Grenzen anzunehmen und sie mit kleinen, zähen Aktionen Stück für Stück zu verschieben. So wachse auch ich ein Stück über mich hinaus. Und das gibt mir ein Gefühl innerer Autonomie in meinem von Therapien und Schmerzen gekrümmten Körper. Wenn es zwischendurch besonders happig wird, habe ich Anker.

Da ist mein ältester Bruder *Heinrich* und seine Frau, meine Schwägerin *Paula*. Er hatte vor vielen Jahren einen schweren Verkehrsunfall, lag monatelang im Koma, arbeitete sich – medizinisch gut betreut – mühsam in ein völlig verändertes Leben zurück und kann heute unisono mit Paula trotz schwerer Behinderung, vielleicht nicht immer, aber trotz allem, sagen:

Unsere Lebenslust ist größer als unser Lebensfrust. Ihnen zusammen zu begegnen, sie zusammen zu erleben, macht jedes Mal Eindruck und gibt Kraft!

Da ist Bernadette, meine große Liebe. Sie ist besonders an schweren Tagen stark und erweckt mir den Eindruck, sie selbst würde in solch prägenden Zeiten über sich hinauswachsen. Darin fühle ich mich beschützt und aufgehoben.

Und da ist mein Gottesbild. In den Schoß eines liebenden und beschützenden Vaters kann ich mich getrost fallen lassen. Dort ist gesicherte Geborgenheit.

Wenn dann am Ende der Tag gekommen sein wird, dann möchte ich über meinen eigenen Horizont hinausgewachsen sein —— und leise davon fliegen.

Musikempfehlung

Engelbert Humperdinck (1854–1921)
„Abendsegen" aus Hänsel und Gretel
Mein Referenzinterpret:
New York Philharmonic Orchestra unter Leonard Bernstein

Über mich selbst hinaus

Ich wünsche mir nichts sehnlicher,
als über mich selbst hinauszugelangen,
weil ich auch das bin, was ich erahne.
In mir breitet sich das Größere aus,
die Überwindung der Grenzen,
der Eintritt in das Unfassbare,
von dem ich ebenso lebe
wie von Luft und Wasser.
Ich bin unterwegs zu dir,
auch wenn ich weiß,
dass du in mir wohnst.
Ich will das freisetzen,
was sich nach Erfüllung sehnt.
Ist es meine Verbindung zu dir,
mein grenzenloses Wesen,
was deinem Wesen entspricht?
Vielleicht sind wir unzertrennlicher,
als ich je geahnt habe.
Mit meinen Augen
bette ich mich in den endlosen Himmel,
Blau in Blau gehe ich unter,
und es ist mir recht so –
so werde ich weiter
und komme zu mir.

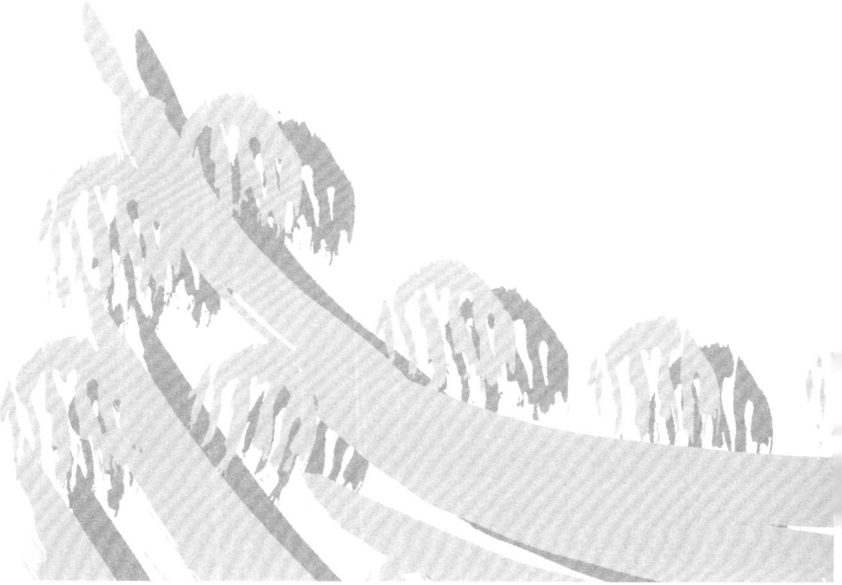

WEM ICH BESONDERS DANKE

Ich habe vielen Menschen zu danken, die mich weit über die aktuelle Zeit der Krankheit hinaus auf meinem bisherigen Lebensweg begleitet und durch tiefe Täler wie über weite Horizonte geleitet haben. Dieses Buch ist an seinem Ende eine gute Gelegenheit, es auch einmal öffentlich zu tun. Ich weiß, dass nicht alle, für die mein Herz voller Dankbarkeit, Freundschaft und Empathie ist, beim Namen genannt werden wollen. Diese werden an dieser Stelle aber spüren, dass sie in ihrer ganzen Einmaligkeit gemeint sind.

Danke sage ich meinen Eltern, *Mutter* UND *Vater*. Beide hatten die Kraft der Resilienz im Blut und vererbten sie an mich weiter. Ihre Zuversicht war grandios, ihre Hoffnung beispiellos.

Die Liebe zu *Bernadette*, meiner sehr besonderen Frau, war und bleibt das Rückgrat meines Lebens. Sie begleitet mich mit Klugheit und Wärme und brachte *Thomas* mit in unsere Ehe. Thomas ließ mich bis in alle Fasern meines Lebens hinein erfahren, dass Familie nicht durch Blutsverwandtschaft, sondern von Liebe lebt. Auch unseren Kindern *Lena* und *Lukas* danke ich für ihre

Gegenwart in meinem Leben. Euch dreien verdanke ich jede Menge Schönes, Gutes, Wertvolles und Lehrreiches. Und *Rupi*, der sich schon vor seiner Geburt wieder verabschiedete, hat in der kurzen Zeit seines Heranwachsens im Mutterleib elementare Gefühle in uns zum Schwingen gebracht: die Freude der Erwartung, die Trauer des Abschieds. Er hat in unserem Herzen seinen festen Platz. Ob ich mich Vater von drei oder vier Kindern fühle, hängt also von der Betrachtungsweise ab, von der genetischen oder der lebenswirklichen. Dass ich jedoch mit Bernadette eine Familie gründen und gestalten durfte, war das Beste, was mir hatte passieren können! Und mittlerweile hat Thomas uns auch noch mit seiner lieben *Steffi* und zwei reizenden Enkelkindern, *Theo* und *Samuel*, beglückt. Das Leben geht auf wundersame Weise weiter!

Auch meine Schwiegereltern erwähne ich hier mit großem Respekt und tiefer Dankbarkeit. Ich erinnere mich noch an jenen lauen Sommerabend, als ich mit zitternder Stimme um die Hand ihrer ältesten Tochter anhielt. Ihr bedingungsloses JA hatte mich tief berührt. Dem damaligen festen, aber noch scheuen Händedruck ist längst große Vertrautheit gewichen. Beide haben mir gefühlt das gegeben, was meine Eltern aus welchen Gründen auch immer nicht zur Verfügung hatten.

Fünf Brüder und zwei Schwestern zu haben, ist ein großer Reichtum. In der ganzen Unterschiedlichkeit von Meinungen, Haltungen und Lebensentwürfen verbindet uns ein tradierter, kultivierter Zusammenhalt. Er wirkt in jeder Notlage verlässlich, er schenkt bei jeder Begegnung Bereicherung.

Wir pflegen daheim eine über lange Jahre hinweg gut bestellte Hausgemeinschaft, die von gegenseitigem Respekt und selbstverständlicher Hilfsbereitschaft getragen wird. Gerade in Zeiten von Hilfsbedürftigkeit zu spüren, dass die Herzen und Türen füreinander weit offen sind, gibt seelischen Halt und erleichtert den Alltag. So danke ich sehr *Barbara & Karl Heinz* mit *Simon* und *Fabian* sowie *Uli & Erich*.

Wo stünde ich heute ohne die professionelle und menschliche Hilfe meiner Ärzte und Pfleger? Mein Herz ist voller Dank und Anerkennung gegenüber meinem Hämatologen *Dr. med. Norbert Pescosta*, meinem Komplementärarzt *Dr. med. Christian Thuile*, meinem Psychoonkologen *Dr. Anton Huber*, meinen Ärzten vor Ort, *Dr. med. Irmgard Pallhuber* und *Dr. med. Brigitte Viehweider*, sowie der überwiegenden Mehrzahl an Krankenpflegerinnen, Notärzten, Trägern, Technikern sowie dem Hauspflegedienst. Ich erlebe unser Gesundheitssystem innerhalb der Grenzen, die Gesellschaftswandel, Arbeitsmarkt und Politik derzeit vorgeben, als effizient, großzügig und menschlich.

Unvergessen bleibt mir die liebende Umsorgung von *Sr. Christine OSU (1946–2015)* besonders in der kritischen Phase meiner Krankheit. Allwöchentlich besuchte sie mich und unsere Familie zu freundschaftlich vertrautem Gespräch und brachte die heilige Kommunion.

Wertschätzend verbunden fühle ich mich mit vielen Teilnehmenden an der Vorarlberger Biosens-Ausbildung und unseren vielen nachfolgenden regelmäßigen Biomeditationstreffen. Darunter als Impulsgeberin besonders *Eva*, aber auch *Annemarie, Barbara, Brigitte, Cecile, Elfriede, Helga, Helmut, Ingrid, Maria* und *Maridl.*

Im Rahmen meiner immerhin neunjährigen TZI-Ausbildung bin ich auf Menschen – Lehrende wie Lernende – getroffen, die mir Augen und Ohren geöffnet haben für das, was wir Menschen für eine gesunde Persönlichkeitsentwicklung brauchen. Meine

Dankbarkeit schlägt Purzelbäume, wenn ich an *Angelika & Eike, Regina & Theo, Andrea, Barbara, Doris, Elke, Eva-Maria, Irene, Julia, Martina* oder an *Janny (†)* denke.

Mit *Christl & Helmut Tietz* verbindet mich seit vielen Jahren vertraute Freundschaft. Im Kontext beruflicher Schulung habe ich viel über Persönlichkeitsbildung, Arbeitsmethoden und Führungskonzepte gelernt. Privat tauschen wir uns gegenseitig bereichernd persönliche Lebenserfahrungen aus. Tausend Dank dafür!

Auch mein Arbeitgeber verdient an dieser Stelle dankbare Erwähnung. Das erlebte Grundvertrauen in mich war die Basis für meinen beruflichen Werdegang, vom Auszubildenden bis zum Geschäftsführer, über 40 Jahre im selben Betrieb. Ich durfte lernen, gestalten, leisten, führen. Und als die Krankheit auch beruflich eine radikale Zäsur setzte, stand die Geschäftsleitung zu ihrem Wort und bot mir eine Alternative, die ab dann meinem veränderten Leistungsrahmen entsprach.

Zur Qualität meiner langjährigen Leitungsaufgaben zählte in besonderer Weise auch das Team um mich herum. Wen ich darunter als Perle besonders in mein Herz geschlossen habe, weiß das! Gemeinsam hatten wir eine an- und aufregende, eine kreative und erfüllende Zeit im Dienste unserer Kunden. Dafür empfinde ich viel Dankbarkeit.

Es ist ein Geschenk, entschlossenen, fantasievollen und inspirierenden Menschen zu begegnen, wie ich das über viele Jahre bei Autorenbegegnungen haben durfte. Sie brachten mitunter nicht nur klingende Namen, sondern auch Wissenshorizont und Herzensweite mit, die mich bildeten und berührten und deren Begegnungen an entscheidenden Weggabelungen richtungweisend waren. Eine langjährige Freundschaft verbindet mich über den großen Teich hinweg mit *Ulrich Schaffer*. Ulrich, ich danke dir sehr für deine spontane Zusage, für mein Buch Gedichte zu schreiben, eigene Tuschezeichnungen anzufertigen und den ersten Seitenumbruch des Buches zu machen! Dankbaren Herzens bin ich darüber hinaus besonders gegenüber *Eugen Drewermann, Josef Duregger, Peter Dyckhoff, Peter Frey, Lilli Gruber, P. Anselm Grün OSB, P. Willigis Jaeger OSB, Prof. Hans Küng, Altbischof Reinhold Stecher (†), Barbara und Claudia Stöckl, Pierre Stutz, Roger Willemsen (†)* und *Jean Ziegler* mit seiner Frau *Erika*.

Sehr angetan bin ich von der Athesia-Verlagsleiterin *Ingrid Marmsoler*. Sie hat meine Buchidee von Anfang an mit Herzblut unterstützt, aufmerksam begleitet und detailgenau lektoriert. Ihr, ihrem kompetenten und geduldigen Team, sowie dem Tyrolia-Verlag vielen Dank! Auch Werner Costabiei danke ich für die technische Unterstützung bei der Einspielung meiner Musikempfehlungen in den YouTube-Kanal.

Mein großer beruflicher Lehrmeister war *Pepi Prunner*. Er hat meinem jungen und wiederholt gedemütigten Leben durch sein Vertrauen Würde gegeben. Das hat mich tief geprägt. DANKE!

Meiner ersten Freundin *Erika* danke ich auch gerne namentlich. Sie hat mich das Lieben gelehrt und mir meinen Selbstwert gezeigt.

Eine mehr als 40-jährige Freundschaft verbindet mich mit *Walter Pilz* in Hildesheim. Seine moralische Stütze und seine vielen Ratschläge haben mich besonders in der Zeit großer Verantwortung für meine Herkunftsfamilie durch dick und dünn begleitet. Eine solche Freundschaft versiegt nie, sie bekommt im Laufe der Zeit nur eine andere Qualität.

Ein engmaschiges Netz an Freunden gewährt Halt in jeder Lebenslage, zumal in einer grenzwertigen. Besonders ausgeprägt erlebe ich diesen Wert in unserer Familienrunde END, der wir seit einem Vierteljahrhundert angehören und die uns in monatlichen Treffen zu Themen der Erziehung, Beziehung und des Glaubens wertvollen Austausch und freundschaftliche Vertrautheit gibt. Einer solchen Gemeinschaft anzugehören und Freud wie Leid miteinander zu teilen, ist ein großes Geschenk! *Anni & Martin, Dora & Werner (†), Marianne & Georg, Rosa & Hans, Sepp* und natürlich auch *Bernadette* danke ich sehr!

Mit meinen Pilgerfreunden *Pepi, Irmgard, Elke, Paul, Hans* und *Konrad* verbindet mich – zusammen mit *Bernadette* – die Dankbarkeit ihrer freundschaftlichen Gesinnung und ihres Glaubens an die Restmengen meiner körperlichen Kondition. Zusammen mit ihnen konnte ich aber neues Zutrauen finden und ein Stück weit über mich hinauswachsen.

Dass ich mit einer guten Musikalität ausgestattet bin, ist für mich von unermesslichem Wert. Dadurch bin ich vielen großartigen Pädagogen, etwa meinem Cellolehrer *Prof. Umberto Ferriani,* begegnet. Frau *Prof. Gretl Niederbacher (1951–2017)* hat mir über eine langjährige menschliche und fachliche Begleitung hinaus auch mit großer Geduld das Betätigen von Tasten auf dem Klavier beigebracht ☺. Tief geprägt hat mich der unvergessene *Prof. Hubert Hopfgartner (1942–2009)* als Mensch, als Musiker, als Dirigent, als Universalgenie. In seiner indirekten Nachfolge musiziere ich nun unter dem jungen und hochtalentierten *Philipp Emanuel Gietl.* Ich mag seine Frische in musikalischen Deutungen, sein handwerkliches Können am Dirigentenpult, seine Virtuosität auf der Orgel, seine ansteckende Begeisterung. Und meine „Lieblingscellokollegin“ *Petra* soll in diesem Kontext auch namentlich genannt sein. Wir haben bislang viel schöne Musik gemeinsam am Pult gespielt!

Mit so wunderbaren Menschen an meiner Seite konnte ich in verschiedensten Ensembles, Chören und Orchestern mitwirken. Als Sänger vornehmlich im *Collegium Musicum Bruneck*, als Cellist im *Stadtpfarrchor Bruneck*, als Kammermusiker in Ensembles rund um *Heinz & Sigrid Zelger*, *Hildegard Christandl* und *Hedwig Liers*, die mir die besondere Chance gaben, über Jahre hinweg die spielbare Kammermusik der Wiener Klassik und der Romantik in regelmäßigen Hausmusikabenden zu kosten und bei verschiedensten Anlässen aufzuführen. Wie viele unvergängliche Meisterwerke ich in über 40 Jahren dadurch singen und spielen durfte! Mir ist dankbar bewusst, welchen Unterschied es macht, eine Messe, ein Oratorium, eine Sinfonie oder ein Kammermusikstück selbst zu musizieren, statt nur zu hören. Und dazu braucht es eben ein Ensemble, bestehend aus lauter einzelnen Musikbegeisterten samt Dirigenten und Managern, die sich für ein größeres Ganzes dauerhaft zusammentun. Zur Freude eines Publikums, zur eigenen Genugtuung, zur größeren Ehre Gottes.

Schließlich danke ich meinem Gott. Denn er hat, wie der legendäre Schweizer Menschenrechtsaktivist *Jean Ziegler* sinngemäß sagt, mich eindeutig auf der Sonnenseite der Erdkugel aufgesetzt, und es trennte mich zur Zeit der Geburt nur ein Wimpernschlag des Universums von der Wahrscheinlichkeit, irgendwo in den Slums von Rio de Janeiro oder in der afrikanischen Steppe mitten unter den Boko-Haram-Kämpfern zur Welt zu kommen. Dieses Glück, im heute satten und sicheren Westen Europas mein Leben gestalten zu dürfen, ist, bei Lichte betrachtet, nicht wirklich zu ermessen.

WEITERFÜHRENDE LITERATUR

Gela Allmann, Sturz in die Tiefe – Wie ich 800 Meter fiel und mich zurück ins Leben kämpfte. Malik Verlag, München 2016

Oskar Außerer/Christian Thuile, Naturheilkunde in der Krebsbehandlung – Mehr Lebensqualität bei Strahlen- und Chemotherapie. Kneipp Verlag, Wien 2015

Horst Benesch, Klopf dich gesund – Blockaden lösen, schmerzfrei werden mit Klopfakupressur. Goldmann Verlag, München 2010

Fabrizio Pepini, Camminare guarisce. Edizioni dei Cammini, Rom 2016

Atul Gawande, Sterblich sein – Was am Ende wirklich zählt. Über Würde, Autonomie und eine angemessene medizinische Versorgung. S. Fischer Verlag, Frankfurt 2015

Bernd Gänsbacher, Warum erkranken Menschen an Krebs? Athesia Verlag, Bozen 2011

Andy Holzer, Balanceakt – Blind auf die Gipfel der Welt. Patmos Verlag, Ostfildern 2015

Samuel Koch, Zwei Leben. Adeo Verlag, München 2012

Barbara Langmaack, Einführung in die Themenzentrierte Interaktion TZI – Leben rund ums Dreieck. Beltz Verlag, Weinheim 2001

Alex Loyd/Ben Johnson, Der Healing Code – Die 6-Minuten-Heilmethode. Rowohlt Taschenbuchverlag, Reinbeck 2016

Viktor Philippi, Gesund werden mit System – Die Bioinformationstherapie. Verlag Philippi, Sohland/Spree 2012

Viktor Philippi, Wer heilt hat recht. Argo Verlag, Marktoberdorf 2010

David Servan-Schreiber, Das Antikrebs-Buch – Was uns schützt: Vor und Nachsorgen mit natürlichen Mitteln. Goldmann Verlag, München 2010

Tiziano Terzani, Noch eine Runde auf dem Karussell – Vom Leben und Sterben. Droemer-Knaur Verlag, München 2014

Eckhart Tolle, Jetzt! Die Kraft der Gegenwart. Kamphausen Verlag, Bielefeld 2011